高职高专服装专业纺织服装教育学会"十二五"规划教材

成衣
产品设计

吴玉红 主 编

刘亚平 刘 珺 副主编

中国轻工业出版社

图书在版编目（CIP）数据

成衣产品设计 / 吴玉红主编. —北京：中国轻工
业出版社，2014.1
高职高专服装专业纺织服装教育学会"十二五"
规划教材
ISBN 978-7-5019-9493-9

Ⅰ.①成… Ⅱ.①吴… Ⅲ.①服装设计 – 高等职业
教育 – 教材 Ⅳ.①TS941.2

中国版本图书馆CIP数据核字（2013）第250817号

责任编辑：杨晓洁　　　责任终审：劳国强　　　封面设计：锋尚设计
版式设计：锋尚设计　　　责任校对：吴大鹏　　　责任监印：张　可

出版发行：中国轻工业出版社（北京东长安街6号，邮编：100740）
印　　刷：北京京都六环印刷厂
经　　销：各地新华书店
版　　次：2014年1月第1版第1次印刷
开　　本：889×1194　1/16　印张：6.5
字　　数：192千字
书　　号：ISBN 978-7-5019-9493-9　定价：35.00元
邮购电话：010-65241695　传真：65128352
发行电话：010-85119835　85119793　传真：85113293
网　　址：http://www.chlip.com.cn
Email：club@chlip.com.cn
如发现图书残缺请直接与我社邮购联系调换
110427J2X101ZBW

成衣
产品设计

前言

成衣是近代服装工业中出现的一个专业概念。成衣业的发展，除了受经营管理的影响之外，更重要的是服装成品本身在消费市场上的反映。

成衣设计在广义上不仅指绘制图形和设计说明，它更需要设计师、特别是未来的设计管理者在一系列成衣的整体布局上建立严谨的商业管理模式意识，即将设计与盈利挂钩。服装产业中的设计开发是要服务于最终的产品销售和零售终端。这与学校中学习的艺术创作类设计学科有很大的区别，因此市场化的成衣设计管理和商业控制成为本教材编写的重要理念。

服装企业相对于其他行业来说工序较多，对时尚流行资讯的依赖程度较高。现代化大生产环境下，企业分工日益细化，对各个生产环节的专业化、标准化要求越来越高。针对这种现状，对职业教材的建设规划提出来新的要求。我们要紧贴生产和设计流程，让学生在学习阶段就能熟悉企业运营链，并能在某一环节培养一技之长，成为企业不可或缺的专业人才。本课程已被评为省级精品课，作者在这本教材内容的选择和编排上除了安排岗位必需的专业知识外，还按照成衣产品的开发流程、实际生产工作过程或任务的实现为参照编写贴近生产、贴近技术、贴近工艺的内容。本书的编写贯穿以鲜活的设计案例，具有较强的实用性和针对性。这本《成衣产品设计》可供高职高专院校服装设计专业作为教材使用，对刚刚从事成衣设计工作以及自学服装设计的读者也有较高的参考价值。

在此特别感谢广州博雅服装有限公司提供圣大保罗童装品牌2007—2008年秋冬产品策划的整套方案资料；上海拉谷谷时装有限公司提供2011年初夏产品企划上城女孩系列产品开发案例资料；还有其他的服装企业和设计师提供的设计资料，在此一一对他们表示感谢。另外编者参考援引其他学者的一些研究论文及来自于服饰前线网络图片，谨此向这些作者表示衷心的感谢。由于特殊原因一些作品无法查明原作者（出处），请作者与我们联系。在此笔者表示衷心的感谢。

由于编者学识水平有限，恳请各地师生及同行在使用过程中多提宝贵意见。

编者

2013. 8

第一章

成衣概述

第二章

成衣产品设计的基本方法
和运用策略

目录
contents

成衣
产品设计

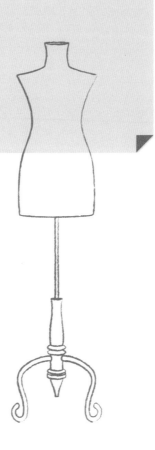

成衣概述

　　艺术类高等职业院校的服装设计专业学生学习成衣产品设计的重要目的是提前掌握未来的职业技能，并在自身的职业规划中起到良好的导航作用。本章节主要是针对成衣产品开发的工作流程及现实工作任务，在课程初期就做出详尽而客观的讲述，力图让每个学生在课程开始之前能更清晰地认知自身学习的专业和课程的重要意义，包括作为一个服装设计师的专业技术素养、职业素养、人文素养等一系列背景因素。

知识点

1. 掌握成衣的概念和成衣产品设计的界定
2. 理解服装企业设计部门的工作职责与岗位职责

▌第一节　成衣的概念

一、成衣的基本概念

成衣，英文称ready-to-wear。成衣作为现代人类文明及生活方式的产物，是由服装企业按标准号型批量生产的服装成品。成衣属于工业产品的种类范畴，通常要符合批量化生产的经济原则，并具有生产机械化，产品规模系列化，质量标准化，包装统一化的特征。成衣产品同时还附有品牌、面料成分、号型、洗涤保养说明等标识。

二、成衣与高级成衣、高级定制服的区别

（一）高级定制服

高级定制服（Haute Couture）是法国传统，自1858年诞生，法国高级定制服已经有了150多年的历史。Haute Couture其标准为：

（1）在巴黎设有工作室，能参加高级定制服女装协会每年1月和7月举办的两次女装展示。

（2）每次展示至少要有75件以上的设计是由首席设计师完成。

（3）常年雇用3个以上的专职模特。

（4）每个款式的服装件数极少并且基本由手工完成。

在满足以上条件之后，再由法国工业部审批核准，才能命名为Haute Couture。由于Haute Couture制作中大量运用手工刺绣、钉珠，售价超过25万美元也不足为奇，简单没有刺绣的款式售价通常1万～2万美元。全球的Haute Couture固定顾客只有2000人左右，现今的高级定制服品牌只有不足20个。

（二）高级成衣

高级成衣（Pro-ta-porter）是指在一定程度上保留或继承了高级定制服（Haute Couture）的某些技术，以中产阶级为对象的小批量多品种的高档成衣。是介于Haute Couture和以一般大众为对象的大批量生产的廉价成衣（法语称Confection）之间的一种服装产业。

现在巴黎、纽约、米兰、伦敦四大时装周，就是高级成衣的发布和进行交易的活动。高级成衣与一般成衣的区别，不仅在于其批量大小，质量高低，关键还在于其设计的个性和品位，因此，国际上的高级成衣大体都是一些设计师品牌。

三、成衣产品设计的界定

成衣产品设计（Product design for ready-to-wear）则主要包括了有关衬衣、裤子、外套和风衣、裙子以及棉袄、大衣等产品的设计种类，在做一定的市场分析与定位后，设想和计划出具体的产品种类，构思具体的成衣造型、材质、色彩等，绘制出效果图、平面图，并根据制成的样板进行成衣样品制作，最后再经过成衣的生产加工系统来实现批量完成。成衣产品设计涉及美学、文化学、心理学、

材料学、工程学、市场学、色彩学等学科内容，可以说现代成衣产品设计是技术与艺术的精彩碰撞。

第二节　工业化成衣产业的发展演变

一、工业革命对服装的影响

18世纪60年代，工业革命首先从英国的棉纺织业开始，1733年，约翰·凯伊发明了飞梭，提高了纺织的速度；1764年，哈格里夫斯发明了多轴纺纱机；1769年，理查·阿克莱特发明了水力纺纱机；1845年，法国人巴赛莱米·希莫尼发明了可移动链式线迹缝纫机，每分钟可缝200针。1850—1870年，科学技术飞速发展，特别是有机化学和化学染料的问世使得色彩多样、廉价的服装面料极大地丰富了人们的生活。1863年美国人巴塔利克开始出售纸样，使流行服装的样式从宫廷走向民间。工业革命的产业化使得服装从原来的传统方式向规模性、规格化和高度分工转变。

二、成衣业的发展前奏——着装国际惯例的形成

随着男性在社会经济各个层面的社交活动增多，人们对男装的审美和要求也逐渐改变，并在新洛可可时期奠定了现代男装的着装国际惯例。男士的着装更加注重穿着的时间、地点和目的，男装的变化从此走进一个微妙发展的时期，惯例的形成为现代成衣的发展奠定了坚实的基础。

两次世界大战期间，欧洲女性加入到后方的军工生产，发现华贵、优雅的高级女装已经不合时宜，而军装风格的服装以及男装的西服则具有很好的功能性，加上战时配给制度的影响，促使女装完成了历史性的转变，形成现代女装着装国际惯例。因此可以说第一次、第二次世界大战奏响了成衣业发展的前奏。

三、高级时装的黄金期、衰落期以及成衣业的兴起

自从1946年沃思（Worth）开创高级时装（Haute Couture）以来已有一个半世纪之久，在此期间，法国巴黎始终以世界时装中心的姿态引领着时尚潮流。19世纪时，整个欧洲和美国的上流社会都受巴黎时尚的影响。19世纪后期，法国出现了一批高级时装设计师（Couturiers），精湛的设计技艺与艺术使得很多国家都亦步亦趋地跟随在巴黎时尚的后面。第二次世界大战之后，巴黎时装业对欧美社会文化的影响曾一度中断，于是以美国为代表的欧美各国就着力发展自己的成衣业和培养自己的设计师。20世纪50年代高级时装度过了其全盛时期

之后，逐渐走向萎缩与没落，代之而起的则是符合现代社会需要的成衣。经过20世纪60、70年代的发展，美国、意大利、英国的现代成衣工业日渐繁荣，进而使成衣成为现代国际时装业的主流文化、主流产品和主要的服装经济形式，而高级时装则作为一种传统艺术文化形式保留沿袭下来。现代成衣的面向大众设计和工业化生产与销售的经济运作方式，使得现代东西方服装界逐渐形成了分工合作、秩序井然的纺织服装工业体系：纱线、面料的预测与开发、设计师的产品设计开发、批量的工业化生产、品牌推广、全球销售和品牌文化等。成衣与高级时装相比生命周期较短，更加注重流行趋势的运用，价格较低，完美的裁剪被视为次要因素，而注重工业化的大生产。

四、国际性大合作的成衣时代

随着全球经济的一体化，成衣业面临着一系列的变革，它是一个流动性大、劳动密集型、国际性的行业。随着服装业的不断变革而呈现出商业化、大众化和平价化的特点。与此同时，秉承着创意、个性、实用设计理念的成衣设计师品牌及产品的陆续面市，得到了众多消费者的推崇和喜爱，这些品牌凭借其优良的品质和声誉活跃在当今竞争激烈的服装业市场而具有广泛的国际影响力。并且每年都会通过被誉为"时尚发源地"的巴黎、米兰、纽约、伦敦和日本的五大时装周发布，将创意的资讯传播到世界各地，以此引领成衣产品的时尚流行趋势。

五、我国成衣的发展现状

自我国改革开放以来，成本低廉的劳务市场优势曾吸引了外贸产品加工众多定单的纷纷而至，从而也形成了最初以加工业为主线的市场模式。所以我国当今极具规模的服装产业，实际是经过了多年的"世界工厂"和"中国制造"发展历程而建立起来的。近些年来，随着迅速增长的经济势头和消费需求，吸引了大批国外成衣品牌的进入，在一定程度上丰富和满足了国内市场需求，也刺激了我国成衣产品设计的发展。同时由于大众消费水平的显著提高，使得这个拥有众多人口、潜力巨大的消费市场日益繁荣，而我国的成衣业也在学习国外先进品牌经营模式中和参与市场竞争下不断成长壮大，形成了自己的品牌和产品特色，并且努力向"中国创造"的目标迈进。但不可忽视的是，我国现阶段的成衣业发展依然面临着许多问题，出自"中国创造"的成衣品牌含金量普遍不高，还无法与国际成衣品牌展开竞争，而许多企业也缺少足够的品牌意识，往往太过于注重眼前的利益，从而对品牌缺乏长远的规划，存在品牌风格不明确缺乏创新、产品特色不足和设计上缺少自主创意等诸多问题，这大大影响到国家最终的服装品牌战略计划实施和成熟的品牌及产品市场建立，使之难以成为强劲的经济发展推动力和具有国际影响的产业。目前，由于经济危机的冲击和外贸定单的明显下滑，我国成衣企业遭遇到严峻的考验，有关成衣产业的升级成为紧迫的议题，而之前多以外贸加工或抄袭仿版为主的一些服装企业也将面临转型来寻求生存。由此来看，创意的理念和相应设计的运用，成为贯穿整个成衣业发展和激活成衣市场的重要因素，因此，有关成衣企业对设计师的创意和产品中各种创意体现的高度重视显得尤为重要，从而有利于成衣业由实用产品朝向追求个性与时尚的产品概念发展，使设计师的创意能力及其产品设计获得极大提高而赢得消费市场。

▍第三节 学习成衣产品设计目的和意义

在成衣业迅速发展的今天，面对行业内日趋激烈的竞争和经济危机的冲击，服装企业不应只强调成衣产品"以廉取胜"的理念，还应强调如何"以新取胜"、"以异取胜"。本书通过探索和研究有关成衣产品设计中所需的"设计创新手法"，来为具体的成衣品牌、产品种类、产品设计以及企业的发展提供一定的理论依据和专业指导，因而具有较高的实际应用价值。

一、探索成衣产品设计中的设计创新手法

创意是成衣产品设计中的核心，有关创意的构想与程度决定其市场上的价值体现。成衣产品的创新不仅需要丰富的想象力和独特的创造力，同时也需要有对传统文化挖掘和探索的不懈精神以及勇于摒弃陈旧观念的胆识。在成衣产品的具体设计过程中，最初的创意灵感可能是受到某一表象或事物的启发，在头脑中形成的某种形象和理念，而如何将这些形象和理念转化为具体的服装语言和元素，使创意在成衣产品设计中得到准确合适的表现，则是一个非常难以把握的问题。本书主要通过对现代成衣产品设计的创意解读、创意表现及应用的探讨，从有关成衣的具体造型、材质、色彩、风格及系列设计的创意表现方面入手，将设计创意模式和市场要素进行一定的归纳与总结，最终寻出能够提升成衣产品形象和提高产品价值的规律及方法。

二、未来的职业规划

艺术类院校服装设计专业学生学习成衣产品设计的重要目的是提前掌握未来的职业技能，并在自身的职业规划中起到良好的导航作用。我们现阶段进行的成衣设计课程是将市场一线的现实工作环境在课程初期就做出详尽而客观的讲述，使每个学生在课程开始之前都能更清晰地认知自身学习的专业和课程的重要意义，包括作为一个服装设计师的专业技术素养、职业素养、人文素养等一系列背景因素。

下面将详细介绍服装企业设计部门的工作岗位及成衣产品开发的流程，以期每位学生能根据自己的特点进行未来的职业规划。

第四节　服装企业设计部门的工作职责与成衣产品开发工作流程

一、服装企业设计部门的工作职责

服装企业成衣设计工作系统的构建有完善的设计工作组织。其主要作用是明确其职权；建立明确工作制度，使工作过程明确，设计部门更好面对市场、面对生产，执行企业管理层的决策而开展设计工作。下面是对设计组织的构建和主要工作过程的解析。

在设计组织的构建上，成衣设计部门一般和营销部门归入营业部下，由营业部协调管理。设计部门跟营销部门合作能得到更直接市场资料。设计部一般根据公司大小设立若干设计小组，分别由各组长领导，对不同系列服装进行设计。

（一）设计小组的主要工作

（1）研究与总结以往本公司的服装设计。

（2）试制样板服装的研究与保管。

（3）试制样板服装进度控制及评审。

（4）新季度产品开发设计。

（5）新季度产品Catalog设计制作、店铺货场、橱窗形象设计、POP、报贴宣传展览等设计。

（6）新素材资料收集、分析、整理。

（二）服装设计行业的常设岗位及工作职责

服装设计部门的岗位设置，因公司的规模大小和运营模式的特点而各不相同。一般由设计、制板、工艺三部分岗位组成，设计岗位主要包括首席设计师、设计师、设计助理岗位，下面是对设计部各岗位的主要职责进行分析。

1. 设计助理的主要工作

设计助理分为设计师助理和设计总监助理两种。助理的主要工作是配合设计师和设计总监进行开发协助和日常工作。

（1）从各媒体收集流行情报，整理成册或编辑存入设计部的共享盘。

（2）向上游厂商索取布料、辅料样品，并编码分类。

（3）协助设计师或总监收集面、辅料信息，跟进总监或设计师交给的单（或设计图纸），具体包括单上的面辅料到位情况、协调与纸样技术师的技术沟通、与车板工艺师的工艺沟通，跟进印、绣花和手工艺效果和进度，把图纸跟进成样衣。完成总监或设计师指导布置的设计或画图任务。

（4）收集销售部总经理办公室的意见，供设计组人员参考。

一般设计助理是由刚刚从大学服装专业毕业的学生来担任，是一个由学生转换为职业设计师过程的角色，通过一段时间的工作和学习，把自己培养成为一个合格的、懂市场的、有思想的、能快速适应企业的服装设计师。

2. 设计师的主要工作

（1）进行市场调查，了解本企业服装产品销售动态，了解穿着对象的生活状态与消费心理，及时开发应市产品。

（2）了解服装面料性能、风格、特色及价格，能准确、敏锐地运用现代最新潮流的服装辅料，掌握成本基数，选定适时合理的款式定位。

（3）负责协助设计总监制定当季和下一季度的系列产品开发计划，收集和制定面料、辅料、色彩开发方案和确定产品风格，绘制好，并按照新产品开发程序填写有关报告单，组织财务经理、供销、生产主管等人参加作品会审，并认真进行修改和设计答辩。

（4）建立设计及相关资料的档案，保管好相关图书资料。定期参加企业员工的教育培训工作。

设计师需经过2~3年的锻炼，市场、设计经验大为丰富，如有整体的规划能力、良好市场判断能力、良好的沟通协调能力、良好的管理能力且敢于挑战自我就可以应聘总监一职，带领一个设计团队。

3. 首席设计师职责

（1）负责产品开发部内部日常管理工作，协调内外部的沟通。

（2）制定公司下季度总开发计划和短、中、长期的工作计划，监督控制设计工作，设计方向及分配设计任务，评定所有设计师和设计助理的工作能力。

二、成衣产品开发的工作流程

成衣产品开发的过程首先在于明确步骤，这样才能理清与非设计部门之间的组织接口和技术接口，也可以较好地分清职责和权限。成衣定货时期分别是，春夏装是在当年12月到第二年3月，秋冬装比较分散，大概从5月份开始，那么设计部门应在这些时间前基本完成设计任务。在产品设计开发过程中，设计部门的主要工作任务是：

第一，情报收集与构思设计组在构思新季度产品时，先参考本公司市场调查报告，目标市场定位、风格定位、品牌策略等经营决策及流行色彩、款式、面料，然后以系列方案形式，画出草图及必要说明。各个设计小组需备有若干方案供确定设计方向选择。设计方案整体以文件形式输出，上面包括基本款式、主要细节、面料、主要颜色、适用场合、主题概念以及表达概念的图片。设计方案应该富有创造性，注重细节的设计及适用场合，各款式之间搭配，以及风格是否符合本公司产品定位，生产工艺技术要求是否可能达到。

第二，产品方案选择从以上各种新季度产品设想方案中，挑选出一部分有价值的，进行分析论证。分析是否符合本企业目标，是否具有足够的实现性和合理性；分析本公司是否有能力生产，产品的市场潜力如何，筛选有价值的方案。

第三，编写产品计划书需在已经选取的新季度产品设想方案的基础上，具体确定产品开发的指标，包括布料类型、色彩范围、辅料选用，由设计部联合销售部及制造部进行制定。经公司主管批准后方可作为以后设计纲领性指导。

第四，具体的产品设计开发：设计组人员在产品计划书及设计方案的指导下，根据收集到的资料设计出具体的衣服并绘制成衣产品的平面效果图，其中包括配件、面料，需要加画侧面图与部件图，以全面、准确、清楚地表达服装结构。用文字简述设计产品的设计构思、外形结构特点和适用场合、销售对象等。并做必要工艺文字说明及关键部位尺寸。设计结果由设计部门主管先进行评审筛选，然后送交板房制作样板衫。设计需目的明确，从消费者角度考虑，既考虑整个服装系列的搭配性、流行时尚性，也考虑对顾客的实用性。要从竞争优势来考虑，尽量选择使用简单的结构、简单的工艺以降低成本，并注重细节的差别设计，因为服装产品款式众多，外形上难有大的突破，细节上的创意设计比较能吸引消费对象。现在许多企业为搞好新产品设计都采用计算机辅助设计。因而设计人员最好能使用计算机辅助设计以提高工作效率。计算机辅助设计的软件主要有CorelDRAW、top\Freehand、Fireworks等。这一设计过程在新产品开发中有十分重要的地位，也是设计部门的主要工作过程。

第五，试制样板衫、评定试制样板衫。由该设计负责人对样板的外形效果进行评审。根据需要制作修改说明单，送回板房重新修改。直到合乎设计要求。对新季度样板衫，设计部一般联合销售部门对其进行评审，评审它们的市场潜力，及是否合乎本企业的产品定位，以决定选择哪些款式进行全面投产生产及进行设计改进。评定结果销售部门签署意见，并送决策层审核批准。这一评定工作很重要，它不仅有利于完善产品设计，消除可能存在的缺点而且可避免大批投产后可能带来的重大损失。

其他，（1）设计部门和营销部门会在每年的春夏和秋冬开展销会，设计小组应根据相应的场地进行服装的展位布展。

（2）设计部门其他相关的设计工作确定投产的产品后，设计小组要根据产品系列主题而设计卖场的POP，广告贴等供促销使用。具体与销售部门共同协商或参考销售部的市场营销策划案。

（3）设计人员的培训，为了提高设计人员的设计能力，了解设计的内容和方法，并依设计人员对成衣设计的理论和技巧有良好基础，以达到最佳的设计效果，协作企业产品战略目标的执行。对设计组人员进行相应培训。培训由设计部主管负责策划并执行。培训内容主要为本公司产品定位，产品决策，服装设计基础，计算机辅助设计操作课程等。训练可在公司内部进行，由本公司讲授或外聘讲师到公司讲授。很多企业不愿做培训，因为他们认为这是亏本的事，其实培训是很有必要的，特别是整合公司的设计风格，使设计人员更明确企业的产品定位，产品组合，市场策略，来更好执行企业的决策。

---

1. 课后思考

（1）成衣产品的特点是什么？

（2）成衣企业设计部门岗位有哪些？每个岗位工作任务是什么？需要什么能力？

2. 习题

根据自己的实际情况，做一份自己的职业规划和学习目标。

第二章

成衣产品设计的基本方法和运用策略

　　本章节以现代成衣产品设计的创意研究为出发点，在造型、材质和色彩的创意表现和应用以及成衣产品的设计创意模式和市场要素进行归纳和总结，阐述了成衣产品设计中创意的具体运用，使成衣产品设计的市场价值和艺术价值并存。

知识点

1. 掌握成衣产品廓形设计的创意表现手法
2. 掌握成衣产品款式设计的细节设计方法
3. 掌握成衣产品材料创新运用
4. 掌握成衣产品面料再造设计方法
5. 掌握成衣产品配色的基本原则
6. 掌握成衣产品配色的方法

能力目标

　　通过成衣设计的相关理论知识的学习和廓形创意、细节设计、材料再造、色彩搭配的能力训练，从而具备成衣产品设计的基本能力和设计师岗位所需的产品开发能力。

第一节　成衣产品款式造型的创新运用

现代成衣产品造型的设计主要由其廓形和款式两大部分组成，廓形是表达成衣造型最明确且最直观的一个重要方面，同时也是其创意表现最先进入人们视线的部分。而款式往往是通过其内部结构的设计支撑成衣的廓形，其中细节对整体也起着画龙点睛的作用。

一、成衣产品廓形设计的创意表现

成衣产品的廓形是从某个视觉角度对成衣造型特征简单而直观的概括，通过人体的肩、腰、臀等关键部位可支撑服装的前提下，成衣产品设计可以通过对其强调或掩盖程度的不同，或者将具象、抽象的各类形状加以变形改造，创造出具有个性与特色、符合成衣特点的新式成衣造型。具有代表性的成衣女装产品的廓形随着设计师的灵感与创意而千姿百态，通过先前以字母命名的H形、A形、X形、O形、T形或以具象事物命名的郁金香形、钟形为基础进行重新演绎变化，便形成了各自不同的造型特征和创意表现，具体如下。

1. 结合流行廓形

现代成衣的流行廓形变化，远赶不上早期服装的廓形变化幅度和速度，但是还是可以从中发现一些细微的变化和个性创意表现的。现代成衣产品设计在廓形创意上可以结合流行廓形来演绎，如首先通过对成衣廓形发展演变的规律进行分析和研究，再对流行趋势进行预测和把握，归纳总结出新季度的流行廓形有哪些，然后根据成衣产品的定位在整季系列的产品中略呈现出对流行廓形的运用。如图2-1-1所示，根据对新季度流行廓形的最新预测，强调体积感的茧形成为了新季最流行的廓形代表，它主要表现在成衣廓形微鼓、下摆略收等方面。同时在新季的成衣系列产品设计中，无论棉袄、毛衫还是外套、衬衣大部分款式都应呈现出这种廓形感觉。

▲ 图2-1-1　结合流行廓形

2. 自然创意表现

自然创意表现在现代成衣产品廓形设计中，一般是在维持基本廓形的同时又略有突破，仅在成衣廓形的细节部分作调整，如成衣廓形的长短变化、腰线位置的高矮变化等。自然创意表现以自然、本真为主，多强调人体以及廓形本来面目的自然呈现，正如清代诗人钱泳在《履园丛话·艺能·成衣》中写道："今之成衣者，辄以旧衣定尺寸，以新样为时尚，不知短长之理。"使之保持最自然的廓形状态，稍加调整就能表达出自然创意的衣装效果。如图2-1-2所示，针对传统X型外套，可在维持廓形不变的情况下，对其底摆进行简单加长或缩短的调整来增加创意感。

▲ 图2-1-2　自然创意表现

3. 成衣廓形创意演变

现代成衣产品中的廓形表现，有多种不同廓形的组合形态，它既可以使某个廓形通过某种方式来推导与演变，也可以是一个或者多个字母或几何形的搭配组合来共同演绎现代成衣的时尚亮点。如图2-1-3所示，在这四款成衣产品中（从左至右），第一款是上身略带H型而在胯部结合X型的连衣裙，第二款是H型和在臀部结合底摆略向内收的O型的组合风衣，第三款大衣宽松简洁，在采用了溜肩、连袖设计的同时在腰部略作了收缩处理，而扩大了底摆的视觉宽度，属于A型、O型和X型的组合创意，第四款风衣是A型的创意演绎，采用略落肩设计同时扩大低摆造型，给人一定的时尚感和视觉冲击力。

▲ 图2-1-3　成衣廓形创意演变

4. 夸张创意表现

夸张创意表现是在现代成衣产品廓形设计过程中，运用丰富的想象力和夸张创意表现创造力对人体的某个部位进行刻意的强调和突出，使其与其他部位形成强烈的对比关系以达到夸张创意的效果。如夸张臀部的花苞型短裙，在肩部加肩垫以强调肩部的宽大和硬朗的外套，或者适当地加大裙摆的宽度来表现腰围与臀围之间的对比关系等。但同时设计时要考虑到成衣的特点，不能因夸张反而失去市场价值。如图2-1-4所示，三条分别夸张臀部、裤裆、裤管的长裤都是2012春夏最流行的廓型，它们都是通过夸张对比的创意手法来打破传统裤型的设计，从市场的角度来看又不会显得过于夸张，却充满时尚感与艺术感。[1]

▲ 图2-1-4　夸张创意表现

二、成衣产品款式的细节设计

现代成衣产品款式设计的细节创意表现主要是通过成衣内部结构和细节的设计来实现的。成衣产品内部结构主要由分割线、省道和褶裥组成，而细节则包括了领、袖、门襟、口袋等部位。但现代成衣已不再局限于传统分割线和省道、褶裥的组合方式及老套路的细节运用，而在不破坏整体美感的前提下对其进行创意的再设计。同时它们必须经得起视觉的推敲，而且还要确保内部结构彼此之间以及与其他细节设计之间能达到视觉的平衡，使之更有秩序感更有美感地组合设计在一起，具有功能结构特征的同时而不乏装饰实用特征的表露，在设计过程中，廓形的数量是有限的，而款式的数量是无限的，同样一个廓形可以用无数种款式去充实和创意，其主要创意表现在以下几个方面。

1. 内部结构的重复运用

通过对成衣产品款式内部结构的重复运用来改变其本来的特征，并获得意想不到的创意感，当然这种重复运用不是简单、单一的排列组合，而是具有韵律变化的节奏感，形成在统一中求变化，在变化中求统一的重复组合效果。如图2-1-5所示，在外套的前后片，将不同长度的省道进行不同方向的重复组合，内部结构夸张运用形成次序而聚成焦点，改变了其原来单一、乏味的传统省道的方式，从而达到创意表现的效果。

---

① 资料来源：段敏. 现代成衣产品中的创意设计研究. 青岛大学硕士论文，2010.

▶ 图2-1-5　内部结构的重复运用

2. 内部结构的夸张运用

　　成衣产品内部结构的强调和夸张处理，是指对成衣原本状态进行性质或形态上的改变，使其具有抽象或具象的，变异或简化的观感，从而起到了突出内部结构的作用，同时成衣产品也得到创新提升，更能吸引消费者的眼球。如将传统的分割线进行曲线变形，使之形成与成衣结构融为一体的形态。如图2-1-6所示，在锥形长裤上通过直线与曲线分割线的结合、与分割线缝份外翻的表现起到了突出其内部结构作用。

3. 内部结构的综合运用

　　将省道和分割线以及褶裥三者在成衣上合理分配并进行综合运用，当然其分布的位置非常重要，它们能够使成衣实现廓形的演绎，如图2-1-7所示，内部结

▲ 图2-1-6　内部结构的夸张运用

▲ 图2-1-7　内部结构的综合运用

构综合运用可以使他们之间相互作用形成协调统一的美感，丰富设计变化并呈现出独特风格。如建筑廓形是2012年最流行的廓形要素，而肩、领、胯三个部位是承载成衣建筑结构的基点，特别是各种硬朗夸张的肩部设计是最容易入手的建筑感元素，它能够立刻让成衣呈现出建筑感。在成衣市场中可以见到很多宽肩设计的造型，但是每个成衣品牌通过与自我产品风格的结合，采用不同的表达方式，运用省道和分割线的变换组合，呈现出不同的创意效果。

在这个以细节取胜的年代，任何方面想要有所成效，对于细节的处理就必须精益求精。缺少细节的服装经不起近距离的审视。例如，当商店扶栏旁服装的细节能有足够的吸引力来说服消费者掏腰包购买时，那就说明它成为了促进交易的关键因素。现代成衣产品设计同时也更重视成衣产品内部细节的创意表现，一件成衣即使拥有再好的廓形和再完美的结构而缺少独特细节，也会显得乏味而缺乏创意。但细节的设计必须巧妙，应与成衣产品的结构完美地融合在一起。如图2-1-8所示，四款成衣都是在领部通过不同细节的巧妙运用使其表现出既创意又时尚的一面。第一款风衣通过缩小领部的创意方式使领子呈现中式立领的状态，从而更符合人体手臂结构的运动机能性；第二款外套通过色块的分割，收腰的同时在门襟处采用折叠双层处理，使其更随意而具艺术感；第三款夹克通过前片领部与串带袢的结合形成了完美的统一；第四款外套在领口处运用有高矮变化的双层拼合，使领型设计巧妙而更有立体感。这四款成衣都是将细节设计与成衣的结构进行融合，只有它们之间的完美融合，才会具有巧妙性而达到成衣产品款式设计的创意表现。

现代成衣产品廓形与款式的设计创意理念中，注重多种流行元素和灵感元素的并存，崇尚注重自我的个性化特征。款式创意的表现与运用应与廓形风格统一进而达到造型风格的统一，掌握好成衣廓形与款式设计的相互关系及它们的发展变化规律，能够更好地创意表现成衣产品丰富的内涵和风格特征。

▲ 图2-1-8　巧妙的细节设计

第二节　成衣产品材料的创新运用

成衣设计师将设计稿付诸成衣需要借助材料语言，材料是服装的载体，因此，对于设计师而言，了解材料特性并量才而用是一项非常重要的素质。本节的任务就是介绍服装设计师需要了解的材料基础知识、常用织物、材料创新方法以及材料创新在成衣设计中的运用。

一、材料创新运用的表现

（一）创新流程

（1）收集面料小样。根据服装产品定位，考虑面料重量、织物类型、质地、颜色、幅宽及价格等因素，有针对性地收集面料。

（2）构思草图。根据已有材料，在灵感激发下构思面料再造效果草图。

（3）组合实验、面料再造。以草图为指导，选择多种材料实验，调整效果，完成面料再设计。

（二）灵感来源

设计源于灵感，客观自然、社会文化、日常生活等方方面面都为材料创新提供联想素材。

1. 自然世界

自然世界每一处景象都让人类惊叹，无论日月星辰、风霜雨雪、山川河流或者飞禽走兽……都为诗歌、绘画、服饰创作提供源源不断的灵感。人类最古老的服装材料是兽皮毛和树叶，它们直接取自自然。设计师从自然中攫取元素进行解构、重塑，创造了丰富、美妙的服饰艺术，图2-2-1所示，LV以花朵为创意元素的面料。

2. 日常生活

艺术源于生活，日常随处可见的景致都可以为创作提供启示。斑驳的墙、揉皱的纸、父亲的脸、打翻的牛奶、被电线分割得支离破碎的天空……生活是五彩斑斓的，可以厚重到皮肤的纹理都让人饱含心酸和敬意，也可以轻盈到劫后余生满目疮痍还会对着飘走的红气球微笑。只要用心观察，生活的每一个细节都有可能成为设计的焦点。图2-2-2所示，迪奥的创意。

3. 民族传统

民族传统是人类文化的宝藏。每个民族都有自己的文化和服饰，凝聚了精湛的工艺技术和特别的审美情趣，为材料创新提供了学习和借鉴资料。例如：东方宽衣文化和刺绣、镶、滚、盘、结等平面造型方法，西方窄衣文化和抽褶、花边、切口、堆积等立体造型方法等，这些都是设计师学习和运用到材料创新中的方法。如图2-2-3所示，夏姿陈的创意。

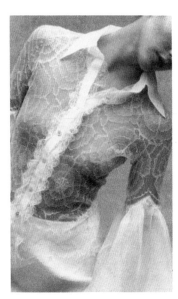

▲ 图2-2-1 LV以花朵为创意元素的面料　▲ 图2-2-2 迪奥的创意　▲ 图2-2-3 夏姿陈的创意

▲ 图2-2-4　三宅一生的创意　　　　▲ 图2-2-5　数码镶嵌创意

4. 姐妹艺术

艺术都是相通的，各种姐妹艺术为材料创新注入丰厚的养分。绘画、雕塑、摄影、音乐、舞蹈、戏剧、建筑等虽然表现形式各异，但是在线条与节奏、抽象与旋律、平面与距离、声音与影像、重复与变化等方面的审美是一致的，它们各自丰富的内涵不断扩充服装材料的表现形式，创造意外的惊喜。如图2-2-4所示，三宅一生的创意。

5. 科技发展

科技发展不仅丰富了材料种类和加工形式，而且多领域跨界合作使服装材料外观和功能领域都得到极大的拓展。科技进步的直接成果是为材料创新提供了必要条件，如化学染料的发明使染色更为丰富，将金属、玻璃、陶瓷、碳等材料运用到服装材料使其具有防辐射、耐高温、导电等特殊性能，更有与高科技结合的纺织品键盘等产品，总之科技发展为设计插上了大胆想象的翅膀。如图2-2-5所示，数码镶嵌创意在服装上的应用。

"妙手偶得"背后的意思是长期的积累一朝的迸发。材料创新需要灵感，但是它并不会乖乖就范，需要平时细心观察和用心领悟，平常景致经过自身的梳理、解构、重组，成为自己的能源储备，最终才能保证持续不断的灵感供应，为创新活动打下坚实的基础。

（三）设计原则

明确设计的风格、造型、材料、质感、色彩之后，需要发挥想象，对现有材料各元素进行合理搭配和设计，开发出具有创意的新面料。方法是多样的，且没有绝对。例如在确定风格和造型后，可以相同材料不同质感、不同材料相同质感和不同材料不同质感；相同材质不同色彩、不同材质相同色彩、不同材质不同色彩等。但是所有的开放设计行为还是需要注意一些审美原则。

1. 对比调和

材料创新中的对比调和是指通过对比制造差异、注入生气，采用调和使整体风格和谐、统一。

采用的对比手段有：材料立体与平整的对比、光亮与暗淡对比、粗犷与细腻对比、柔软与硬挺对比、厚实与薄透对比；色彩色相对比、明度对比、纯度对比、补色对比、冷暖对比、面积对比、纹样对比。材料设计通过材质与色彩的对比，突出个性，产生强烈的艺术感染力。当然对比不当容易产生不协调从而削弱材料与服饰的美感，此时需要调和手段来缓和矛盾。

采用的调和手段有：不同质地材料的面积比例关系调和，相似材料的搭配调和以及同种材料的呼应调和；对比色面积比例关系调和，降低明度、纯度调和，邻近色搭配调和以及同种颜色、纹样呼应调和。调和手段能够使对比得到控制，使材料与服装成为一个协调的整体。但是过分调和容易产生单调、无趣之感，此时需要对比手段给予必要刺激。

2. 比例分割

比例分割是材料与服装设计的重要手段，通过一定数量关系的分配组合达到强调特征与建立秩序的目的。

采用的手段有：不同材质面积、数量的比例，各种横线、斜线、竖线的比例，各种材料的正反组合配置比例，各种色彩、纹样的比例关系等。通过各种比例分割和重新分配，突出材料的质感和肌理、色彩的情绪和冷暖，并赋予材料新的生命。

3. 节奏韵律

材料设计中的节奏韵律是指通过一定规律的排列组合使之产生像音乐节奏般的视觉韵律感受。

采用的手段有：不同面料的点、线、面交错搭配，色彩明度、纯度、面积大小对比，纹样、褶皱重复、渐变、律动、回旋、起伏等。在一个统一风格的前提下，节奏韵律的运用能够使设计整体建立秩序且富含生机。

4. 统一变化

设计是一个变化统一的整体。材料、色彩、组合、装饰手法等的变化能够制造强烈的感受，但是处理不当，这种感受会让人不安；同时，统一能让设计变得单纯、安静，缺乏变化却也了无生趣。能够激发情感、引人联想、经得起推敲的作品必然是一件统一变化的作品。

二、面料再造设计方法

服装面料再造设计，或称面料的二次处理，面料二次设计，是指根据设计需要，在原有面料的基础上进行二次工艺处理，运用各种手段进行外观的重塑改造，使现有的材料在色彩、肌理、形式或质感上都发生较大的甚至是质的变化，从而产生新的艺术效果。面料二次处理体现了设计师的创新思想，是服装设计重要手段之一。

服装面料处理常用手法有：增型设计、减型设计、立体造型、钩编设计、综合运用等。主要是在服装局部设计中采用这些方法，也有用于整块面料的。

1. 增型设计

增型设计指在原有面料上增加相同或者不同材质的材料，形成立体、多层次、特殊美感的面料。它通常采用珠片、花边、绣片、纽扣、羽毛、贴花、原材料等，经过黏合、熨烫、缝制、填充、染色、印花、手绘等工艺手段，形成立体的、多层次的设计效果。

（1）黏合。黏合是指借助工具在面料或是在制作好的服装上进行黏合衬料、贴花、水钻等材料的增型设计方式。通过黏合方式加工的面料或服装可以改变织物手感以及外观，改善形状和增加层次，如图2-2-6所示。

（2）熨烫。熨烫具有塑形功能，是借助熨烫设备在面料或是在制作好的服装上进行平整或褶皱处理的增型设计方式。通过熨烫加工的面料或服装造型千变万化，富有肌理效果。

（3）缉缝。缉缝指选用各种线带状材料，采用手缝或者机缝对原有面料进行规则或者非规则线型处理的增型设计方式。包括手绣、机绣；普通缝型、皱缩缝、绗缝；丝绣、发绣、绒线绣、丝带绣、贴布绣、珠片绣等，种类丰富，形态万千。如图2-2-7所示，缉缝。

（4）填充。填充是在面料或服装内部填充材料使其具有立体感的增型设计方式。在绗缝或拼贴工艺时，于两层面料之间填充棉、絮等材料，可以塑造规则的秩序感，或者由不规则线条、内外部材料的颜色和质地差异来强调节奏韵律和多变的层次，如图2-2-8所示。

（5）染整。面料二次染整采用形式多样，包括扎染、拔染、蜡染、拓印、转印、手绘、泼染、盐染等，经常与扎、缝、包、染、喷、绘、拓、刷、雕、压、蚀等特殊工艺结合，创造出区别于工业印染审美特征的图案和造型，让人过目不忘，别有风味，如图2-2-9所示。[1]

在对不同材料进行加法设计的时候，建议重点掌握材料特性，注意色彩、手法等与材料搭配协调，材料设计与服装款式风格融合。

► 图2-2-6 黏合

► 图2-2-7 缉缝

---

① 资料来源：吴薇薇. 服装材料学. 应用篇. 北京：中国纺织出版社，2009：66-67.

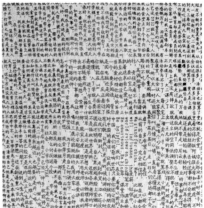

▲图2-2-8 填充

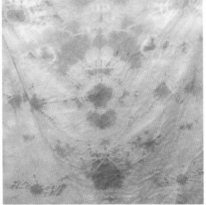

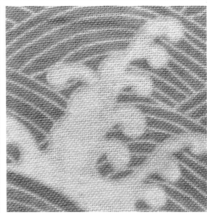

▲图2-2-9 染整

2. 减型设计

减型设计指对原有面料进行局部破坏处理，使其改变原来的肌理，打破完整，形成具有无规则、破烂感、不完整特征的面料。它通常采用物理和化学方法，通过镂空、烧花、烂花、抽丝、剪切、砂洗等手段，形成错落有致、亦实亦虚的设计效果。

（1）镂空。镂空是指借助工具在面料或是在制作好的服装上挖出孔洞，然后再填补或不填补的减型设计方式。通过镂空"破坏"的面料或服装"不经意"间泄露出里层的秘密，增加了服装的层次和内容，如图2-2-10所示。

（2）抽纱。抽纱是指面料中的部分经纱或纬纱被抽出形成若隐若现朦胧效果的减型设计方式。经过抽纱工艺制作的面料或服装具有虚实相间、层次丰富、空灵通透或神秘性感的效果，如图2-2-11所示。

（3）做旧。做旧是指利用砂洗机或是其他辅助工具，对面料或是制作好的服装进行减色、磨损等处理的减型设计方式。做旧工艺使面料和服装质朴、沧桑，增加服装设计的内容，如图2-2-12所示。

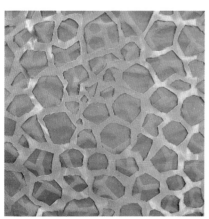  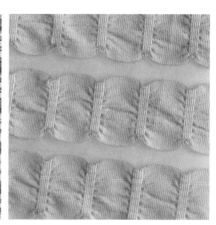

▲ 图2-2-10　镂空

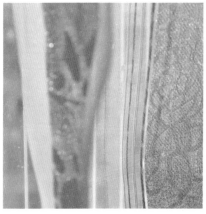  

▲ 图2-2-11　抽纱

  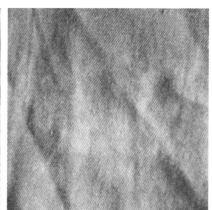

▲ 图2-2-12　做旧　　　　　▲ 图2-2-13　残缺　　　　　▲ 图2-2-14　褪色

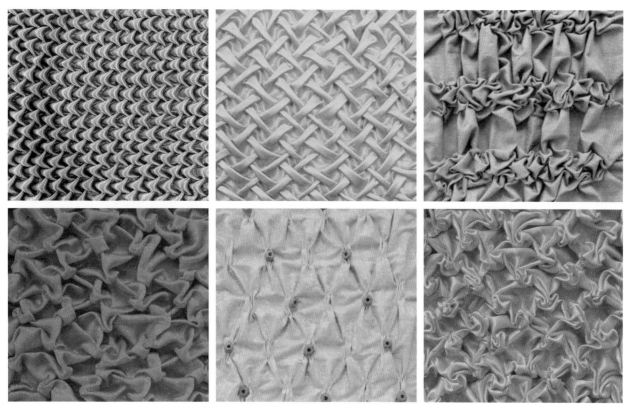

▲ 图2-2-15　立体造型

　　（4）残缺。残缺是指利用残破面料设计服装，或是把制作完的服装的某些部位故意剪破、去掉的减型设计方式。采用此种工艺制作的面料或服装因为不完整和缺憾感，给人留下发挥想象的空间，如图2-2-13所示。

　　（5）褪色。褪色主要指采用次氯酸钠漂白的方法将面料原有色彩褪去的减型设计方式。该工艺常与缝、扎、夹、喷、刷等工艺结合控制材料与漂白液的接触范围，与褪色浆接触部分被漂白，未接触部分保留原色，从而产生非染色而似染色的效果。在对材料进行减法设计的时候，建议重点掌握减法的"度"，注意减的位置、数量，采用的手法自然且形散神不散，与个性服装相得益彰，如图2-2-14所示。[1]

3. 立体造型

　　立体造型指在原有面料上采用系扎手段改变面料表面肌理形态，使其形成具有立体效果的面料。它通常采用一个基本连线图，根据连线的距离长短和连线点方向的变换，经过规律的排列和缝制产生具有秩序整齐、富有韵律、生动个性、凹凸有致的效果，如图2-2-15所示。

4. 钩编设计

　　钩编设计指将不同材质的材料进行钩织或编结，形成具有凸凹、交错、连续、对比的视觉效果的面料。它通常采用梭织、针织、皮革、塑料、纸张、绳带

---

① 资料来源：滑钧凯. 服装整理学. 北京：中国纺织出版社，2005：256–257.

等，将材料折叠或剪切成条装或缠绕成绳状之后，再通过编织或编结等手段组成新的面料或直接构成服装。由于材料质感和钩编形式不同，面料表面呈现疏密、宽窄、凹凸、连续、规则与不规则等各种变化。

在对不同材料进行钩编设计的时候，采用不同材料、不同质感、不同色彩的绳带进行穿插交织练习会产生变化莫测的效果，如图2-2-16所示。

5. 综合运用

综合运用即综合以上设计手法或者结合非服用材料，形成新颖、特别、富有变化的面料。设计师通过观察现有材料，从自然、生活、民族、科技以及其他相关艺术中获取灵感，采用各种传统或新兴技法，结合现代审美对其解构、重组，达到综合创新设计材料和服装的目的。

在对不同材料进行不同手法综合运用的时候，符合现代审美是关键，布局的分散与聚集、色彩的对比与协调、材料的融合与破坏、造型的节奏与韵律等都必须经过反复比较和仔细推敲，如图2-2-17所示。

总之，设计是自由、开放的，技术是辅助其实现和寻求更多灵感的方法，面料二次处理是途径而非目的，而材料创新的宗旨是也将一直是服装的感官艺术。

▲图2-2-16　钩编设计

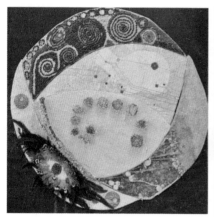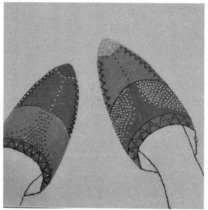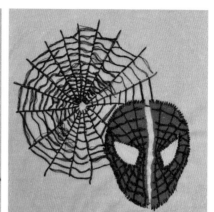

▲ 图2-2-17 综合运用

第三节 成衣产品色彩的创新运用

色彩是服装给人的第一印象，它有极强的吸引力。若想让成衣设计出彩，必须充分了解色彩的特性，发现和挖掘成衣市场色彩的趋势，来满足人们对色彩视觉的审美需要。而服装的配色和成衣产品的配色既有共性之处也有个性之妙。

一、成衣产品配色的设计要求

色彩作为服装设计中的一个重要因素，并不是孤立存在的，它与服装的款型、线条以及面料的肌理、花型观感，有着密不可分的关系。在进行服装色彩设计时必须围绕设计主题，以配色美的原理及手法正确运用色彩，使色彩的面积、位置、秩序达到总体协调的效果。否则，选用的色彩只能给人一种凑合且无关联的视觉印象。

1. 成衣色彩的设计要求

色彩设计要以新季产品的设计理念、主题词以及产品规划结构、面料信息等为基础，同时色彩设计也为新产品开发提供设计思路。

2. 色彩设计与其他设计元素的关系

（1）根据品牌定位合理设计色彩；

（2）色彩配合款式；

（3）色彩配合面料、图案纹样等；

（4）色彩要配合整体着装搭配。

要想达到服装色彩整体美的效果，主色调的控制显然至关重要。服装的色彩设计首先要确定服装的主体色彩，它表现为占主导地位的大面积色彩，在完成色彩基调设计的基础上还要进行色彩搭配的设计，考虑在主色调下是否需要加入以及如何加入其他色彩，以丰富、强化或反衬主色调的色彩效果。同时，要注意控

▶图2-3-1　同类色搭配

制色彩数量，一般以不超过三种颜色为宜。然后，利用不同轻重、强弱色彩的面积、比例，调整色彩的视觉平衡，运用色彩三要素的变化，加强色彩的视觉节奏，采用色彩的对比作用，突出色彩的视觉重点。此外，穿着对象的年龄、性别、职业、性格、肤色、体形及所处的环境、季节等客观条件对服装色彩起制约作用，这些因素也是在设计时需要考虑的。

二、成衣产品配色的方法

成衣产品配色时一般先定主色，后配搭配色，最后点缀色。主色：主要面料的色彩，在服装中所占面积最大。搭配色：也称"宾色"，在服装中起到辅助作用的色彩，比主色面积小。点缀色：处于显著位置并起到画龙点睛或调节色彩的作用，往往面积最小，但作用很大。

成衣产品配色的方法如下。

1. 同类色搭配

即颜色相同，但深浅不同的搭配方法。如：深红—浅红、土黄—淡黄、深绿—中绿等。同类色搭配的特点：同类色搭配是较为常见、最为简便并易于掌握的配色方法，具有整体、协调、柔和的特点。这样搭配的上下衣，可以产生一种和谐、自然的色彩美，如图2-3-1所示。

2. 邻近色搭配

即色谱上相近的色彩搭配起来，易收到调和的效果。如红与黄、橙与黄、蓝与绿等色的配合。这样搭配时，两个颜色的明度与纯度最好错开。例如用深一点的蓝和浅一点的绿相配或中橙和淡黄相配，都能显出调和中的变化，起到一定的对比作用，如图2-3-2所示。

3. 主色调搭配

以一种主色调为基础色，再配上一两种或几种次要色，使整个服饰的色彩主次分明、相得益彰，这是常用的配色方法，如图2-3-3所示。采用这种配色方法需要注意：用色不要太繁杂、零乱，尽量少用、巧用。一般来说，男性服装不易有过多的颜色变化，以不超过三种颜色为好。女子常用的各种花型面料，色彩也不要过多，显得太浮艳、俗气。

4. 色相搭配

常采用对比手法。在不同色相中，红与绿、黄与紫、蓝与橙、白与黑都是对比色。对比的色彩，既有互相对抗的一面，又有互相依存的一面，在吸引人或刺

▲ 图2-3-2 邻近色搭配

▲ 图2-3-3 主色调搭配

激人的视觉感官的同时，产生出强烈的审美效果，如图2-3-4所示。因此，鲜艳的色彩对比，也能给人和谐的感觉。如红色与绿色是强烈的对比色，配搭不当，就会显得过于醒目、艳丽。若在红与绿衣裙间适当添一点白色、黑色或含灰色的饰物，使其对比逐渐过渡，就能取得协调。或者红、绿双方都加以白色，使之成为浅红与浅绿，看起来就不那么刺眼了。

▶图2-3-4　色相对比搭配

1. 课后思考

（1）成衣款式造型创新的方法有哪些？

（2）成衣面料的二次创意有哪些手段？

（3）成衣色彩搭配的方式有哪几种？

2. 实际项目训练

（1）调研当季流行趋势，并结合分析，了解流行趋势如何在成衣设计中运用？

（2）运用成衣的款式、色彩、面料创新手法设计三套春夏女装，定位、风格自定。

第三章

成衣产品设计项目实践

　　成衣产品设计在普遍意义上不仅指绘制图形和设计说明，对于客观设计市场环境和横向比较，需要设计师特别是未来的设计管理者在一系列成衣的整体布局上具有严谨的商业管理模式，即现实中的设计和盈利挂钩。服装产业中的设计开发最终服务于产品销售和零售终端。这与学校中学习的艺术创作类设计学科有很大的区别，市场化的成衣设计管理和商业控制成为本章节的重点和难点。本章节以成衣产品的开发流程、生产实际工作过程或任务的实现为依据展开阐述。其中关于产品定位、市场调研、产品结构和销售波段、产品的主题、产品的设计、产品的工艺单绘制都以直观的案例形式展开。

知识点

1. 了解成衣产品开发的流程
2. 掌握成衣产品整体规划的内容

能力目标

1. 具有分析、提炼资讯的能力
2. 具有整体意识，能较快的领会成衣产品整体开发的设计概念
3. 具有徒手作画的能力
4. 至少掌握一种设计软件，如CorelDRAW，Photoshop等绘制平面结构图、进行绣花、印花等相关设计
5. 善于与人沟通，表达能力强
6. 细心、认真、负责、有条理的工作态度

第一节　成衣产品开发流程

成衣产品的开发从确定开发方向、组织实施到最后的完成，需要完成一系列的工作。为了能顺利地开展工作，就必须按照一定的阶段和规划流程来展开。成衣产品开发流程对产品设计工作的实施起到方向性和指导性的作用，在产品开发流程中，主要包括以下工作内容：产品定位、市场调研、收集流行元素和分析流行预测、制定下季度的主题系列定位、确定下季度产品款式结构和波段计划、开发款式和样板制单、样衣制作、样衣修板、批量下发生产工艺单等。图3-1-1为成衣产品开发流程图。

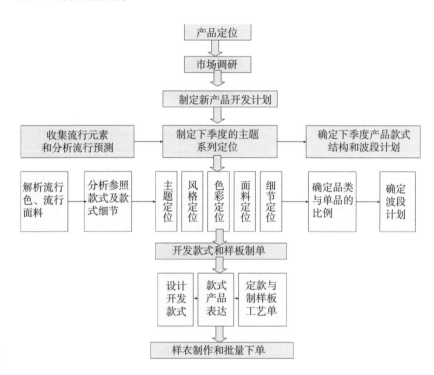

▶图3-1-1　成衣产品开发流程图

第二节　实施规划流程内容

一、产品定位

在服装企业成衣产品开发流程中，首先要做的工作是产品定位，它一般是在企业发展战略计划的框架下由产品开发部经理、设计总监、营销部经理制定，主要包括消费对象、产品风格、产品类别、产品价格、产品的营销方式等的定位。

1. 消费对象定位

消费对象也称目标消费群、目标市场。随着当前人们的生活越来越强调"以人为本"理念和科技水平的飞速发展，消费品的开发都非常重视多元化。将社会消费群细分化的目的，是为了明确成衣产品推广的方向。在分析消费对象时，要对他们的性别、年龄、收入、性格、职业、地区、民族等做出明确的划分。不同的消费对象在服装消费方面的兴趣、能力和行为的差异很大。

　　成衣品牌进行消费群定位，在对市场进行大量的考察和调研的基础上，首先进行市场细分，将具有类似需求或特征的消费群体区分为若干细分市场。市场细分，是指企业根据消费者购买行为的差异性，把原有市场分割成两个或者两个以上的某种具有相似特征的小市场群，以便选择、确定本企业目标市场的过程。图3-2-1为某服装品牌综述的产品定位、消费者定位、价格定位、销售渠道、产品特色。一个细分市场就是一个消费者群体，所有细分市场之和就是整个市场。通过市场细分的方法，成衣品牌可以比较透彻地了解消费群的需求，从而可以有的放矢，迅速在细分市场上获得优势。在市场细分的基础上，成衣品牌选择出一个或几个细分市场作为目标市场，从而选择成衣品牌所要服务的目标消费群。

特色、精致的形象：
YILUNNO品牌在形象方面有着非常严格的要求。形象的建立不仅仅是资金实力的体现，也是品牌文化及产品特色的另类表达，情调与内涵是成熟消费者认知品牌，及产生二次购买意愿指引，根据品牌特点设立统一而有个性的形象标识，从服务到陈列，从管理到策划必须按统一规则去实施、操作。

快速新潮的产品：
强大的产品研发力量，将最新的潮流资讯融合并创造出自己的产品。为了产品快速进入消费市场，生产中制作周期较长的面料尽量避免在产品中使用，将与时尚无关的细枝末节通通减掉，在保证产品质量的前提下最大限度的节省成本。在产品设计方面，去苛求细节，以生产优势追求现时段最流行的产品。

合理、实惠的价格：
先进生产、有效销售管理手段、降低成本、给顾客提供"低价格、高价值"的产品。

◀图3-2-1
某服装品牌产品定位综述了产品定位、消费者定位、价格定位、销售渠道、产品特色

2. 产品主题、风格定位

产品主题的确定能使设计的内涵明确、风格统一、产品指向性较强。确定主题可以采用文字或者图片形式，也可两种方式结合。图3-2-2为某服装品牌产品风格定位形象照片，它体现了季度产品风格特点。产品风格定位即产品所表现出来的设计理念和流行趣味。风格的选择是根据消费对象而定的。随着社会的不断进步，风格的内涵和外延也不断发生着变化，社会的流行风格可以分为主流风格和支流风格，是根据流行面的大小而决定的。在社会环境发生相当程度的变化时，主流风格和支流风格将发生位置的转移。另外，产品风格不是固有的，风格是可以从无到有地创造出来的。产品风格分为主流风格和支流风格。主流风格是指适合大多数消费者的、在市场上成为主导产品的风格，相对来说，其流行度较高、时尚度略低。包括都市风格、乡村风格、浪漫风格、严谨风格、简约风格、传统风格、前卫风格、经典风格。支流风格是指适合追求极端流行的消费者的风格。在市场上比较少见的风格，其流行度较低，时尚度较高，往往是流行的前兆。

3. 产品类别定位

纵观许多国际著名服装品牌，几乎每一个品牌都有它最强项的产品，也有一些相对较为弱势的产品，这是与该企业的发展背景和经营理念分不开的。根据这一特点，品牌的产品主攻方向要有所侧重。此外，要划分好每一种产品的类别和数量配比关系，生产的实际数量是根据产品的分类而定性、定量的。有些品牌是以单一产品类别出现的，不强调产品的系列化，但是，设计这类产品时仍然要考虑产品的搭配组合，以便产品销售时有较大的灵活性。有些品牌是以系列产品的面貌出现的，产品形象明确。在产品类别定位后需对开发进行安排。图3-2-3为某服装品牌产品开发春夏产品类别、数量规划及开发进度表，该表格体现出在设计产品开发过程中设计任务与时间的合理安排。

4. 产品价格定位

服装产品的价格主要由两个部分构成，一个部分是构成服装产品的全部成本，包括直接成本和间接成本。另一个部分是由销售带来的净利润。由于品牌服装包含了无形资产的因素，其定价与普通服装有较大区别，与原材料成本没有绝对的对等关系。产品的价格是企划中非常重要的部分，价格过高，则销量有限；价格偏低，则利润单薄。产品利润最大化是每一个企业的经营宗旨，必须要制定最为合理的符合企业实际情况和品牌形象的产品销售价格。

产品价格带是指某一类产品的价格上限和下限的幅度。由于一类产品可以用多种不同价格的原材料做成，因此，根据成本的不同，就应该有不同的销售价格。一般来说，产品价格带的幅度不宜过宽，否则将给消费者造成产品的风格和价格混乱的印象。影响产品价格的因素有很多，由于服装加工成本相对比较固定，原材料成了影响服装价格的最主要的直接成本。在选择面料时，价格必须控制在一个上下幅度变化不大的范围内。

来自**时尚**之都巴黎
YILUNNO的自然之风！

真·自我 SHOW ITSELF

▲ 图3-2-2　某服装品牌产品风格定位形象照片体现季度产品风格特点

春夏装产品比例

款式 \ 季节		春	夏（一）	夏（二）
上衣	风衣	2 款——2 种料		
	衬衫	3 款——2 种料	3 款——2 种料	2 款——2 种料
	开衫（针织）	2 款——2 种料	2 款——2 种料	2 款——2 种料
	小西装（外套）	2 款——2 种料	2 款——2 种料	
	夹克	2 款——2 种料	2 款——2 种料	2 款——2 种料
	马甲	2 款——2 种料	1 款——1 种料	1 款——1 种料
	毛衫	10 款——3 种料（外套）	5 款——2 种料（短袖外套）	4 款——2 种料（背心2款，吊带2款）
	T 恤	3 款——2 种料	款 { 七分袖 1 款 / 短袖 5 款 } ——3 种料	6 款 { 小袖 2 款 / 背心 2 款 / 吊带 2 款 } ——2 种料
下装	裤子	5 款——2 种料	5 款 { 九分裤 2 款 / 七分裤 2 款 / 五分裤 1 款 } ——2 种料	3 款 { 九分裤 1 款 / 七分裤 1 款 / 五分裤 1 款 } ——2 种料
	裙子	2 款——2 种料	2 款——2 种料	2 款——2 种料
	牛仔裤	3 款——2 种料	3 款——2 种料	2 款——2 种料
	连衣裙	3 款——2 种料	2 款——2 种料	3 款——2 种料
总计 98 款		共 39 款	共 32 款	共 27 款

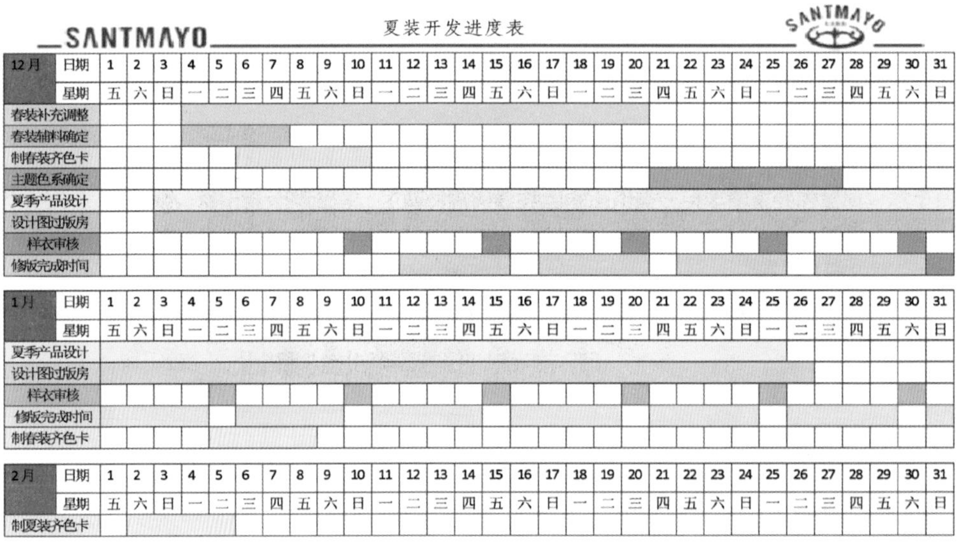

► 图3-2-3
某服装品牌产品开发春夏产品类别、数量规划及开发进度表

By joebong

二、市场调研

（一）成衣市场调研的特征

市场调研是市场调查与市场研究的统称，是了解、分析、认识以及预测市场的行之有效的科学方法。它是在特定的决策问题下而进行的个人或组织系统地搜集、记录、整理、分析及研究市场各类信息资料、报告调研结果的工作过程。

（二）成衣市场调研的主要内容

成衣市场调研的最终目的是实现服装在服装市场上占有大幅的销售额，所以市场调研的内容包括与服装市场营销活动相关的一切信息和因素，主要包括：消费者需求调研、竞争调研及合作环境调研。

1. 消费者需求及产品上季度销售情况调研

消费者需求调研主要指的是针对服装消费群的调研，包括消费人群、消费需求量的调研，了解消费者使用和购买习惯以及消费者对服装的满意度评价等。消费者需求调研的最大好处是能够有效地帮助企业发现新的市场机会，找到新的战略战术从而提高营销成效。

2. 竞争品牌调研

竞争品牌调研主要包括竞争品牌环境调研、目标竞争品牌调研、目标竞争产品定位调研。竞争品牌调研的关键是目标竞争品牌调研，需要搜集到准确的竞争情报，充分了解其目前市场中的产品，并把握产品的发展趋势，前瞻性地开发新产品，进而制定自己的竞争策略。

3. 合作环境调研

合作环境调研主要包括政治法律环境、经济环境、科技环境、社会环境调研、各类供应商的调研、外包加工厂的调研、设计、咨询公司的调研及终端代理商的调研。

（三）成衣市场调研的方法

服装市场调研的方法主要有观察法和调查法。

1. 观察法

所谓观察法就是用最直观的方法来获取原始数据的方法，是调研人员到现场观察、收集、记录被调研者的行为的调研方法。由于被调研者处于比较自然的状态，所以观察法所获得的资料的真实性比较高，而且观察法在形式上比较简单灵活，成本控制上所产生的费用较低，并且受外界的干扰因素比较小。但同时，观察法观察到的只是表面现象，不能对内在的因素进行深入了解，容易产生一定的缺失，比如消费者的心理变化和市场变化的原因和动机等。

2. 调查法

调查法是收集原始数据最直接最有效的方法，主要包括：面谈询问调查，电话调查，问卷调查，网络调查，信函调查，文献调查等。它的优点在于几乎不受地域限制，有利于扩大调查范围，增加被调研者的数量，调研成本较容易控制。但同时调研时如果不能进行很好的控制，很容易使资料失去时效性，问卷的回收率较低，容易产生差错和误解。

（四）调研报告基本内容

（1）调研任务。明确指出本次市场调研的项目背景和主要任务。

（2）设计好调研方法。说明市场调研采用的主要方法及其特点，包括参加人员、采用软件等。

（3）调研途径。调研数据的来源和通过的渠道，包括对调研范围和采访对象的综述等。

（4）工作过程。实际开展调研工作过程的必要描述，包括一些对本次任务细节的理解。

（5）遇到的问题。罗列在调研过程中遇到和发现的、可能会影响调研结果的、尤其是意料之外的问题。

（6）分析与归纳。对每一个罗列出来的问题进行分析判断，发现问题的根源。对大量原始数据进行归纳整理，计算平均值。

案例1：针对消费者需求及产品上季度销售情况调研

某成衣市场调查报告

1. 调研任务：某成衣产品市场销售情况市场调研
2. 调研方法：调查法
3. 调研时间：2012年4月8日

首先，我们去自己品牌的营销店观察了一下。接着就去商场调查其他品牌的新款。在商场逛了一圈，相符的款式不多，主要是调查高级成衣的制作工艺。

然后，设计师带我们去了东洋国际，海燕批发市场。由于那边的款式大多数都是外国潮流最前端一些服饰的仿版，所以服装的款式是值得参考的。而其中朋克、摇滚的服饰更能体现时尚。

我们也去了金光华万象城，主要对欧点，伊华欧秀等一些与定位比较相符的品牌进行了调研。欧点的服饰高贵、精致、时尚，具有女人味。整体设计简约，修身。伊华欧秀的服饰时尚、奢华，相对而言比较职业休闲、不张扬，注重细节及华丽的设计。

下午，我回到专卖店，对自己公司产品的销售及消费者需求进行调研。下面是对公司比较畅销的款式的调研。

调研数据：如图3-2-4所示，第三款的颜色与前两个相比较而言销量弱一些。第三款的整体色调更显成熟一些。但总的来说这一款的销量很不错。

调研数据：如图3-2-5所示，相比之下黑色的销量更乐观一些。红色还是有点挑人穿。面料容易起毛，腰间钉珠工艺需改进，遇水易掉。

▲ 图3-2-4　某服装产品畅销款调研1

◀ 图3-2-5　某服装产品畅销款调研2

　　调研数据：如图3-2-6所示，该款造型设计得当，能遮挡住人的缺点。相比较之下绿色的销量弱一些，袖口和领口钉珠的工艺需改进。

▲ 图3-2-6　某服装产品畅销款调研3

　　调研数据：如图3-2-7所示，这是店里相对而言比较畅销的裤子。第一款已经缺货。胯部打褶的设计恰到好处，修身。

▶ 图3-2-7　某服装产品畅销款调研4

　　调研数据：如图3-2-8所示，西服的整体造型很受欢迎，但是顾客反映肩部太小。连衣裙服装造型新颖，但是相对而言价格昂贵而且比较挑人穿。

◀图3-2-8　某服装产品畅销款调研5

　　下面是几款滞销的款式。

　　调研数据：如图3-2-9所示，T恤看起来比较宽松，实质上很贴身。挑人穿，易暴露着装者的缺点。裤子比较运动化，裤型较小，挑人穿。

◀图3-2-9　某服装产品滞销款调研1

调研数据：如图3-2-10所示，裤子面料太花，消费者接受需要一个过程。T恤款式太简单，领口开的太大，袖子太小，穿起来太紧。

▶ 图3-2-10　某服装产品滞销款调研2

调研数据：如图3-2-11所示，H型针织T恤的设计，不够修身。圆领拉链款造型尚可，但是太休闲，挑人穿。第二款造型黑色略好，但是领口开的太低。上半身很宽松，但是下半身太紧，易暴露缺点。

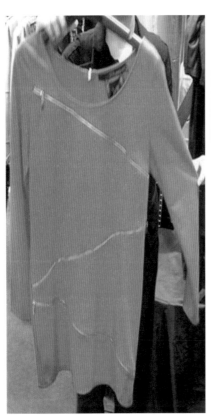

▲ 图3-2-11　某服装产品滞销款调研3

　　总结：大多数的服装面料都太柔软，需要适量增加硬挺面料。服装下半身设计不能太紧身。大部分畅销款的造型都比较随意，能够很好地遮盖住着装者的缺点。部分款式领口开的太低，顾客接受需要一个过程。太过于职业化也不行。双层领的设计有些烦琐，领口不能包得太紧，不透气。面料的质量、钉珠的工艺需要加强。款式在上架之前配饰需要跟到位，长裙需配好腰带。新款中，往年畅销款的改进版所占比例极少。另外还有许多款畅销或者滞销要根据天气的变化而定。

调研人：申婷婷

2012年4月8日

案例2：针对竞争品牌市场调研

1. 任务目的

（1）了解竞争品牌一季度上多少波段。

（2）了解成熟品牌的品类规划。

2. 任务要求

每周进行实物拍照，细节不少于3张。具体要求如下。

（1）针织系列款照片。外套：长款4件/中长款4件/短款4件；连衣裙2款；开衫2款/套头衫4款（长短不限）；毛衫：长款2件/中长款2件/短款2件（内外穿不限）；背心：中长款2件/短款2件；印花：4种不同的花型；颜色：4个实物色。

主题分析：

邂逅浪漫

　　古典的浪漫主义不经意间在这一季邂逅了现代的文艺精神。沉郁的乌黑色用丝绸、皮革和皮草制造了不同的质感对比，驼色和灰色的羊绒调配出知性与柔和之美，红棕色与焦褐色增添了如香料一般的诱惑魅力，而低调奢华的暗金色则带给整个造型以迷人的光芒。

◀图3-2-12

首先通过网络查找同类品牌发布会的相关主题

（2）梭织系列款照片。外套：长款4件/中长款4件/短款4件；连衣裙2款；开衫2款；套头衫4款（长短不限）；内搭小衫：长款4件/中长款4件/短款4件；背心：中长款2件/短款2件；裤子：4种不同裤型；绣花：4种不同的花型；面料：10种不同面料；颜色：4个实物色。图片形式呈现。下面是调研的数据举例，如图3-2-12至图3-2-15所示。

货品分析：

主题色系：红黑白色系
梭织面料：蕾丝面料；100%
桑蚕丝花料；聚酯纤纺混纺
料；针织衫以100%羊毛及羊
毛混纺为主。
毛料面料：毛织为100%羊毛
风格：优雅浪费
适宜场合：社交约会

模特穿着效果图

▶ 图3-2-13
通过实地调研同类品牌的货品分析

橱窗模特，点挂

▶ 图3-2-14
通过实地调研同类品牌的橱窗模特及单件
的挂装展示

数据统计

货架	种类及价格								合计
	连衣裙 2280-3980	裤 1280-2980	针织衫 880-3280	外套 1580-3980	半裙 1480-2880	衬衣 1180-2280	短袖套头衫 1680-2380	背心 980-1980	
A	3	2	2	2		1			10
B	1	1	2	5			1		9
C	2	1	3	3				1	10
D	4	1	2	2	1		1	1	12
E	7	1	2	1					11
F	4	1	2	1					8
G	3		2	3	1				9
H	2	1	1	3	2	1			10
I	7		4						11
J	2		4	5		1			12
K	4		2	5	1				11
L	4	1	5					1	11
模特	4	1		4	2		1		18
合计	47	10	31	34	7	3	3	3	142
占比	33%	7%	22%	24%	5%	2%	2%	2%	100%

◀ 图3-2-15
调研的服装种类及价格的数据统计

三、制定新产品开发计划

（一）收集流行元素和流行预测

1. 流行面料是设计的先导

流行面料重视用独特的表现手法传递对未来世界的希冀与期盼。流行新面料的思潮始于探寻社会变化，所以当今面料表达叛逆和倔强，矛盾而抽象，流行的混合面料和成衣的混搭设计成为不可忽视的主流。

2. 流行色彩是设计的突出表情

现代成衣设计，正抓住主流色彩和旁系色彩的混合，体现青春激情。飞速发展的信息时代，人们的思想观念呈多元化发展，使人们对流行色的模仿和追求，建立在自由、随意甚至是自发、偶然的基础上，导致流行色彩的多元化。现代成衣设计中，设计师更具有一种责任感，他们依靠科学的市场调查和商品市场的变化规律来预测未来，依托预测技术和预测应用的研究来发布流行趋势，引导消费。

总体来说，成衣设计中流行色的运用必须考虑到产品的销售区域、对象、季节，同时还要考虑材料、加工工艺、科技条件、市场销售、经济成本及色彩流行信息等一系列因素的配合与制约。

3. 流行造型是设计中的革命者

服装造型就是款式设计，款式设计里包含线条分割、立体裁剪、面辅料搭配等。线条的分割可以为设计创造更美的效果。特别是一些细节的款式设计则是更不能忽略的元素。

综上所述，流行面料、色彩、造型是现代成衣设计中的三大要素，它们相互支持、相互加强，形成一种完美的平衡与张力。三者之间的碰撞和融合是当代成衣设计师最常用的思维方式或挖掘灵感的源头。这也是我们在设计前重要的准备工作。

（二）制定下季度的主题系列定位

一种服装的风格往往可以由很多设计元素组成，比如，浪漫风格的服装既可以由A组设计元素来体现，也可以用B组设计元素去表达，尽管用这两组设计元素都能表现"浪漫风格"，但是其外观上还是会有明显区别的，从而辨别出A组与B组的浪漫之不同。同样，在形式美原理和设计方法的作用下，一种类型的设计元素也可以设计出不同风格的产品。因此，在众多设计元素中选择出某种类型的元素，是引导消费者认知品牌风格的有效手段。色彩、面料、造型这三个服装设计的基本构成里，都有属于自己领域的设计元素。在一定的时间内，对品牌所属产品的基本造型、基本面料和基本色彩应当有一个比较固定的倾向。

1. 主题、风格定位

拿到设计任务，首先明确成衣主题、风格定位的程序：确定成衣产品的定位⇒市场调查和相关信息研究⇒风格元素提取⇒确定主题、风格。

确定服装的风格，对造型有个粗略的设想，并以此指导材料、色彩的选择。成衣产品主题、风格概念化是通过文化和理念对一种生活方式与生活态度的诠释，是达到市场与创意合二为一的最高境界。设计师凭借其浓厚的专业知识和独特的市场眼光来解读消费者的欲求并为他们设计一种与其定位相符的方式。这种非常形象化的创意要领最终是要吸引消费者在成衣产品风格的概念氛围笼罩下，得到一种时尚的享受，达到引导某种生活方式的目的。如图3-2-16至图3-2-17所示，

▲ 图3-2-16　某品牌冬季产品主题系列1

品牌2012冬季设计主题： ■ 暖生（第二组）

无数的繁华在这里浓郁登场，20世纪70年代的张扬是她的筋骨、野性但不带
侵略性的中性形象必然冷暖无常，阴阳不定。女性的各种潜能被调动。她们
既可妩媚、尊贵又可潇洒、飘逸。所有的温暖都点到为止，所有的精巧都被
限定。

▲ 图3-2-17 某品牌冬季产品主题系列2

风格能在瞬间传达出设计的总体特征，具有强烈的感染力，达到见物生情，产生
精神上的共鸣。可以这么理解，风格即特点，是运用在艺术领域的特点。那么，
对"成衣品牌风格"的定义就应抓住"品牌特色"这一核心内容。

2. 色彩定位

首先明确成衣产品色彩设计的程序：确定成衣产品的定位⇒市场调查和相关
信息研究⇒流行色的应用⇒拟定色彩计划⇒确定主色调。

提取流行色并根据产品风格进行演绎，应划分流行发展的不同阶段，来制定
成衣产品的色彩计划。成衣产品色彩计划中，通过对原有色彩对象格局进行重组、
整合后再创作，对原有的色调、面积、形状重新加以调整、整合及重构，设计出
新颖、有创意的色彩，称为解构色彩。解构色彩包括两个过程：一个是色彩解构，
另一个是色彩重构。解构是一个采集、过滤和选择的过程，重构则是将原来物象
中的色彩元素注入到新的组织结构中，重组产生新的色彩形象，以便更好地运用
流行色达到创意的效果。具体步骤如下：见图3-2-18。

第一步：解构常用色与流行色。常用色易于搭配、适合多种场合。流行色是
具有某一倾向的一系列色彩，代表一定时期的时尚形象，通常能给人深刻的印象。
成衣企划中，针对本品牌的商品群，结合当时的流行色形成的一组色彩可作为品
牌的主题色通过各种配色设计，构成该季节成衣产品的形象背景。要注意的是在
流行前期，可以适当的在系列成衣产品中采用流行色，作为流行信息的先导，这
样有市场初探与试销的作用，但是比例不宜过大。流行中期是流行色消费的全盛
期，大多数消费者都已接受，并追随模仿，投入到流行的行列，此时流行色服装

▲图3-2-18　某品牌冬季主题色系定位

在商品销售中的比例最大。而流行后期是流行色的消退时期，已经不符合大多数消费者的需要，流行色产品的市场也趋于饱和，人们开始追逐新的流行，此时的成衣产品生产就要非常慎重，应以少量为宜。

第二步：读懂流行色色卡。世界各地的流行色预测机构，通常以色卡的形式推出成组流行色彩，这些色彩可以划分成三大类——时髦色彩、点缀色彩、常用色彩。

时髦色组是即将流行的色彩、流行至高峰的色彩和快要消退的色彩。时髦色往往是成衣的主色调。点缀色是时髦色组的补色，在配色中往往做小面积的搭配或图案的配色。常用色组即含灰量较大的色彩，对眼睛的刺激性弱，在每年的流行色中均有出现，常用色是适合大部分人群穿着的色彩，如白色、黑色、灰色、深蓝色等。

第三步：利用流行色进行配色。配色时针对三类不同的商品有不同的原则：主题商品，选用正在流行的和即将流行的时髦色彩；畅销商品，主要选用正在流行的时髦色彩加入一定量的常用色彩作为调和辅助色，增加品牌的色彩设计层次感；长销商品，主要用常用色彩，加入少量的正在流行的时髦色彩作为点缀与补充。点缀色彩在三类服装中均可运用，但用量一定要少。

第四步：确定常用色与流行色商品的构成比例。在成衣产品企划和设计中配色相当重要。饰件和小配件，由于生产量很少，通常选用比较抢眼的色彩。常用色与流行色的商品若是以大众化消费者为对象，那么常用色商品占60%～70%，流行色商品只占少量。即使是时尚感很强的品牌，商品也并不是全部采用流行色。针对不同的商品，色彩的使用也不同。

3. 面料定位

（1）首先明确成衣产品面料规划的程序。我国服装产业参差不齐，面辅料开发依据企业规模大小有所不同。一些大型品牌服装企业有自己独立的面料开发部门，负责面料信息收集及新面料开发工作，这样的公司具有很强的自主性，因此在市场中极具竞争力。与此同时，一些有固定供应商的服装企业根据供应商提供的样板和对面料提出要求共同开发面料，这样的合作方式不但节约公司人力物力成本同时灵活方便，因此此类公司占服装企业的大多数。此外，还有一些小企业，根据产品需求直接向市场采购，在服装公司中这种采购行为也被称为面料开发。总的来说，较完整的面料规划流程如下：

获取信息⇒确定面辅料开发方向⇒筛选开发资料⇒面辅料的设计开发⇒审核开发作品⇒织造面辅料样板并改良方案⇒确定品种。

对于小型企业，其面料规划流程简化如下：

获取信息⇒确定面辅料开发方向⇒寻找供应商⇒确定供应商⇒确定品种。

（2）面料定位制定原则。流行因素（面料应该符合流行趋势）、价格因素、品种因素（面料品种不宜太多，以符合季度产品风格为原则）、工艺因素（面料印染工艺不同决定面料特有的个性，有时要根据具体服装风格来考虑）、设计组合因素（在具体设计中，必须考虑面料的色彩组合、不同面料质感、图案外观组合。如图3-2-19所示）。

4. 款式细节定位

了解市场行情和顾客需求；调查当地大的服装商场本季销售情况较好的服装款式细节；观察著名的服装品牌本季推出的产品细节特点；参阅欧美、香港等地的服装杂志。如图3-2-20所示。

▲ 图3-2-19　某品牌冬季产品面料定位

◀图3-2-20　某品牌冬季产品工艺细节定位

（三）确定下季度产品款式结构和波段计划

1. 品类与单品的确定

产品款式结构由品牌、定位和公司技术能力的专长决定，如有的公司以风衣、毛衫为主线，有的公司则以衬衣、裤子为主，有的主要销售羽绒服。在每季的产品结构中，每种产品的比重各有不同，在整体定位的基础上展开对不同品类和单品的开发。在服装领域，品类是进行服装细分化时必需的最小区分单元。不同的企业对品类的认定不尽相同。有的企业可能将女衫作为一个品类，而有的企业可能仅女衫就有五六种品类。显然，前一企业将品类与服装种类等同。有时也将品类看作是单品。在服装行业中，单品有其特定的含义。将品类理解为单位品目则更确切。

单品与单件是同义词，相当于套装、裙装而言，指商品物理上的最小单位，如裤子、裙子、衬衫、女衫等。配套组合的宽度，指某个品牌具有的各式商品品类数，不论每一品类的数量多少。如果某个品牌有各种各样的单品可供选择，就可以称为"宽广的"商品配套组合。配套组合的深度，指品牌商品组合内各单品的数量。如果组合内各单品尺码规格齐全，就可称为"有深度"的商品配套组合。如图3-2-21所示。

2. 商品构成

商品构成的比例决定于企划商品整体中的主题商品、畅销商品、长销商品所占的比例。

首先，根据商品企划的季节主题考虑商品款型构成。按照与季节主题吻合的程度，商品分为主题商品、畅销商品和长销商品三类。其中，主题商品表现季节的理念主题，突出体现时尚流行趋势，常作为展示的对象；畅销商品多为上一季卖得好的商品，并融入一定的流行时尚特征，常作为大力促销的对象；长销商品是在各季都能稳定销售的商品，受流行趋势的影响小，通常为经典款式和品类。

主题商品的流行主题含量高，能鲜明表现出品牌的季节主题。同时由于设计、材料、色彩的组合搭配新颖，因而具有很强的生活方式提示性和倡导性。由于该类商品主要针对那些对时尚敏感较高的消费者，对市场实际需要程度难以准确预测和把握。

畅销商品往往是筛选出上一季主题商品中市场反映好的品类，并加以批量生产。由于畅销商品针对的穿着场合清晰明了、易于理解，有相对较大的市场需求。

长销商品常常作为单品推出，具有品类丰富和易与消费者原有服装组合搭配的特点。如图3-2-21所示。

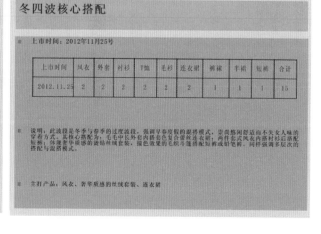

▲ 图3-2-21　某品牌冬季产品品类及波段规划

3. 波段上货计划

是指店铺在上新品时不是一次性把一季所有新品摆上，而是根据产品的特性分几次上货，从而使营业额出现若干个高峰。一般企业大部分按照下面表格中的项目安排，也有些服装企业不一样，视情况而定，如表3-2-1所示。

表3-2-1   **产品开发计划和波段上市时间表**

季节	上市时间	波段		销售	产品要求
春季	2月10日	第一波	春季产品	试探市场	基本款与新款产品搭配，同时上市
	3月15日	第二波	春季产品	根据市场补充产品	准确把握本季的潮流
夏季	5月1日	第一波	夏季产品	节日促销，吸引消费者	产品系列中有新的亮点
	6月1日	第二波	夏季产品	节日促销	与其他产品相比有自己的特色
	7月5日	第三波	夏季产品	夏季最后一次补充产品，为明年夏季试探市场	部分产品具有超前风格，可以更大胆前卫
秋季	8月15日	第一波	秋季产品	试探市场	新颖性的产品与基本款搭配，同时上市
	9月10日	第二波	秋季产品	根据市场补充产品	准确把握本季的潮流
冬季	10月1日	第一波	冬季产品	节日促销	保暖等功能要求高
	11月15日	第二波	冬季产品	根据市场补充产品	时尚性要有加强
	12月25日	第三波	冬季产品	节日促销	产品体现新年气氛
年货	1月10日	新年产品		年货促销	产品体现新年气氛

四、开发款式和样板制单

1. 设计开发款式

第一步：流行元素分析。流行元素分析主要是针对产品定位的主题和风格展开对流行趋势中款式（特别是细节如：领、门襟、口袋等进行分解）、面料（流行趋势面料中符合新产品定位的分解）、色块分析（流行色中提炼出的色块）。本步骤的实施是围绕前面主题定位而展开。所以在设计前必须了解和领悟主题定位。

第二步：产品模块的分析。产品模块分析主要是针对主推单品、搭配性次主推单品（为提升销售量特别考虑）、结构单品、搭配单品的款式、色彩、面料、比例进行分析，在此基础上作为参照款式，进行创意设计，而这些款式来源都是流行趋势中主要款式或者是往年较为畅销款。[①] 下面以某品牌冬一波产品为例，如图3-2-22~图3-2-25所示。

① 廖小丽. 服装成衣设计. 北京：北京师范大学出版集团，2010：119.

冬一波核心搭配

主推单品：大衣（A型/郁金香型/修身型/高腰节公主型/斗篷造型）

▲ 图3-2-22　某品牌冬一波主推单品大衣模块

冬一波核心搭配

搭配性次主推单品：T恤/蕾丝裙衫（蕾丝/金属质感的光感针织料/线条感的细腻毛织面料）

▲ 图3-2-23　某品牌冬一波搭配性次主推单品模块

秋一波核心搭配

结构性单品：半裙/裤子（四面弹风衣料/花料雪纺料）

▲ 图3-2-24　某品牌秋一波结构单品半裙和裤子模块

冬一波核心搭配

搭配性单品：马甲/皮草

▲ 图3-2-25　某品牌冬一波搭配性单品马甲和皮草模块

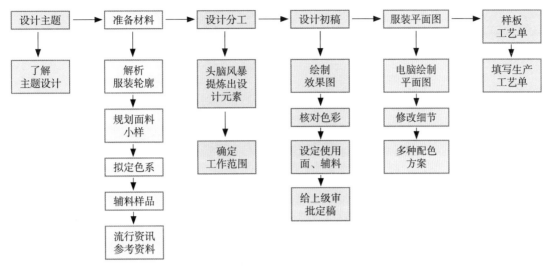

▲ 图3-2-26　款式设计流程图

第三步：款式设计。在进行初步设计草稿之前，必须准备相关流行资料，包括之前收集的流行分析、面料样板、辅料等样品。设计小组在围绕设计主题展开头脑风暴会议后，再进行分配和系列设计，确定分工。因为是独立设计，设计师必须从大局上兼顾和权衡整体与个体的关系，单品强调自身设计的同时应符合整体产品的设计风格。具体款式设计流程如图3-2-26所示。

2. 产品表达

绘制成衣效果图是表达设计构思的重要手段，效果图强调设计的新意，注重服装的着装具体形态以及细节描写，便于在制作中准确把握，以保证成衣在艺术和工艺上都能完美地体现设计意图。

成衣产品设计图的内容包括效果图、平面结构图以及相关的文字说明三个方面。每个企业生产的产品不同，对于产品表达的要求也有所不同，大致要求如下。

（1）成衣产品效果图表达。采用写实的方法准确表现人体着装效果。一般采用8头身的体形比例，以取得优美的形态感。设计的新意、要点要在图中进行强调以吸引人的注目，细节部分要仔细刻画。效果图的模特采用的姿态以最利于体现设计构思和穿着效果的角度和动态为标准。整体上要求人物造型轮廓清晰、动态优美、用笔简炼、色彩明朗、绘画技巧娴熟流畅，能充分体现设计意图，给人以艺术的感染力。

（2）平面结构图表达。一幅完美的时装画除了给人以美的享受外，最终还是要通过裁剪、缝制成成衣。服装画的特殊性在于表达款式造型设计的同时，要明确提示整体及各个关键部位结构线、装饰线裁剪与工艺制作要点。结构图即画出服装的平面形态，包括具体的各部位详细比例，服装内结构设计或特别的装饰，一些服饰品的设计也可通过平面图加以刻画。平面结构图应准确工整，各部位比例形态要符合服装的尺寸规格，一般以单色线勾勒，线条流畅整洁，以利于服装结构的表达。平面图还应包括服装所选面料，如图3-2-27至图3-2-28所示。

（3）文字说明。在服装效果图或平面结构图完成后还应附上必要的文字说明，例如设计意图、主题、工艺制作要点、面辅料及配件的选用要求以及装饰方面的具体要求等，要使文字与图画相结合，全面而准确地表达出设计构思的效果，如图3-2-29至图3-2-30所示。

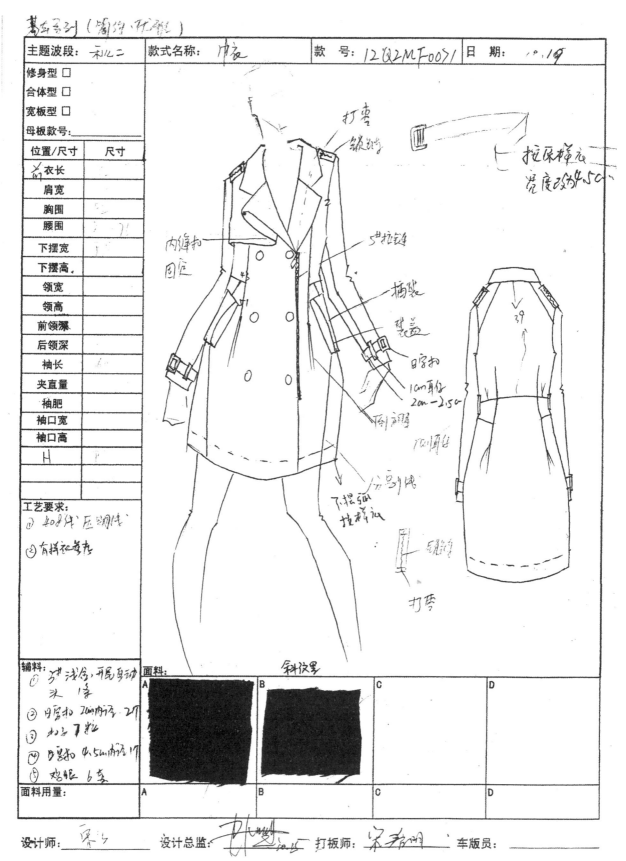

基本系列（制作、开发）

主题波段：利化二	款式名称：中衣	款 号：12Q2MF0051	日 期：10.19

位置/尺寸	尺寸
修身型 □	
合体型 □	
宽板型 □	
母板款号：	
前衣长	
肩宽	
胸围	
腰围	
下摆宽	
下摆高	
领宽	
领高	
前领漯	
后领深	
袖长	
夹直量	
袖肥	
袖口宽	
袖口高	
H	

工艺要求：
① 4.0代 压明线
② 有扮扣着卷

辅料：
① 5#浅合,开尾启动 米 1条
② 日暗扣 2cm内径 2付
③ 扣子 7粒
④ 日暗扣 4.5cm内径 1付
⑤ 鸡眼 6套

面料： 斜纹呢			
A	B	C	D

面料用量：	A	B	C	D

设计师：栗夕   设计总监：   打板师：宋老师   车版员：

▲ 图3-2-27   某品牌冬一波主推单品设计图1

主题波段：秋	款式名称：斜皮外套	款号：12&2MW0043	日期：10.8

修身型 □

合体型 □

宽板型 ☑

母板款号：

位置/尺寸	尺寸
裙长	
肩宽	
胸围	
腰围	
臀围	
下摆宽	
下摆高	
领宽	
领高	
前领深	
后领深	
袖长	
夹直量	
袖肥	
袖口宽	
袖口高	

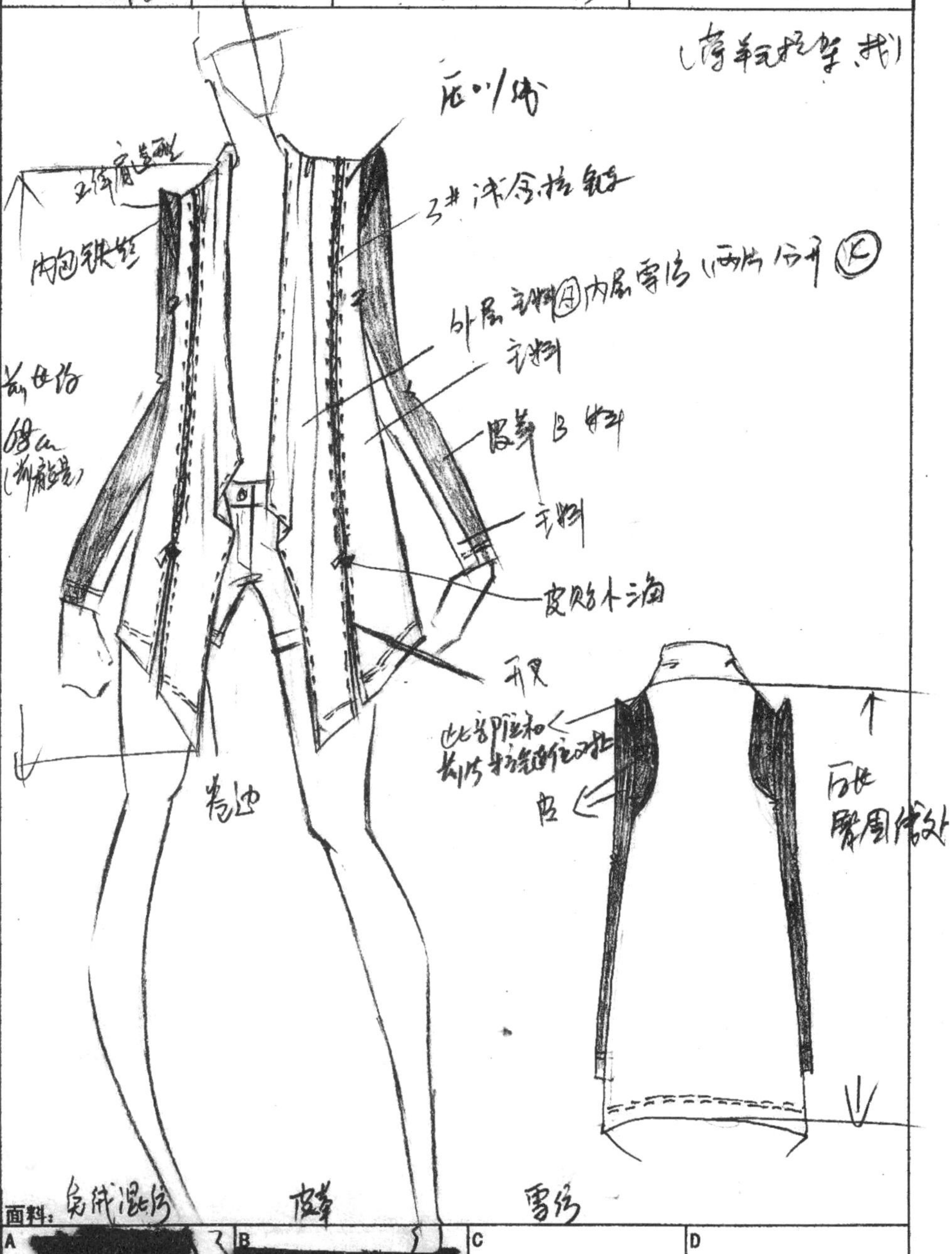

工艺要求：

1）重点注意肩部的处理效果（有图片参考）

2）衣型的把握

辅料：

①.3#浅金拉链2条

面料：

A	B	C	D
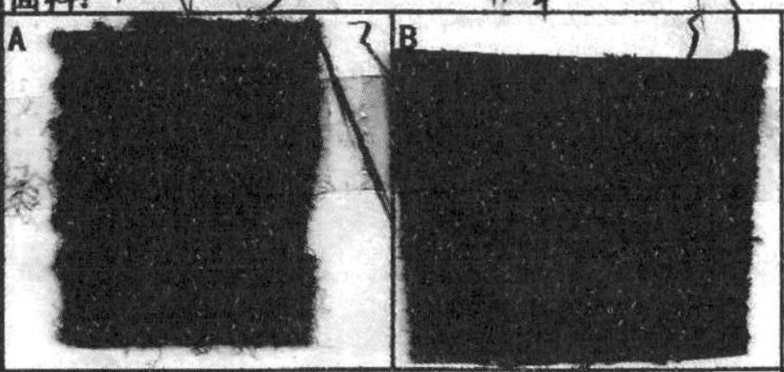			

面料用量：

A	B	C	D

设计师：______ 设计总监：______ 打板师：______ 车版员：______

▲图3-2-28 某品牌冬一波主推单品设计图2

主题波段：冬(一)　款式名称 鞋毛铁链外套　款　号：1201 M W0111　日　期：2011、10、22
中性优雅

▲ 图3-2-29　某品牌冬一波主推单品设计图3

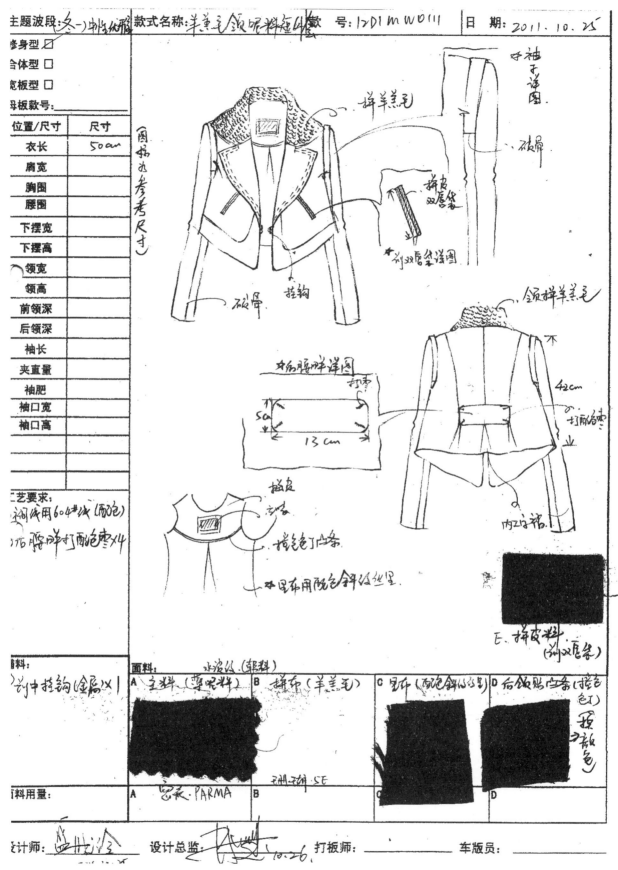

▲ 图3-2-30 某品牌冬一波主推单品设计图4

3. 定款和制单

如果说绘制设计初稿还在纸上谈兵的话，定款和制单就进入了实战环节。设计师绘制的稿件，尤其初出茅庐的新手的作品，被设计主管或总监否定是很正常的事情，少部分被选上的设计还需多次修改。所以，想要成长为优秀的设计师，应该具备一颗坚强的心。被多次否定，仍顽强努力存留下来的稿件最终被通过定款，并由设计师绘制样板制作通知单。具体流程如下。

（1）设计定款。

定款流程：不管是小型时尚公司或者大型品牌公司，设计定款都有相同的流程，即，设计、审批、修改、定款四部分。[①]

1）设计。设计师根据搜集的流行资讯、目标消费群信息，结合面料特点，绘制初稿，包括服装内部结构、细部设计、配齐辅料和配件等内容。

2）审批。设计初稿完成后交到设计主管或设计总监处审批。总监根据审批判断该设计是否与主题相符、是否吸引人、是否工艺可行以及最重要能否产生利润。

3）修改。设计主管对选中的设计稿提出修改意见，然后交由设计师进行修改，直至设计主管审批通过为止。

4）定款。经过设计主管审批和设计师反复修改过的设计稿，最终被确定下来，交给设计助理为款式编号备案。

（2）考量标准。

由定款流程可见，设计师如果想要提高作品采用率，应该关注审批环节，了解主管关心的问题和目标，努力将设计与之靠拢，为作品的通过加分。设计主管和总监最关心以下几方面的问题。

首先设计作品是否相符主题？设计师经过市场调研、产品策划并确定主题的绘制设计稿，相当于写一个命题作文，虽然散文、议论文或者诗歌等文体不限，但是都必须围绕主题。有些偏题、跑题的设计，也不乏令人赞叹之处，但是就像金子之于快要饿死的人，显然不如食物来的更让人眼前发亮。例如，如果给朋克风的Lady Gaga设计演出服，怪诞扭曲的Alexander Macqueen会比以优雅著称的Lanvin更容易获得青睐。所以，满足目标对象的需求、与主题相符是获得通过票的前提条件。不跑题、不偏题只能说作文满足最低级的要求。文章结构是否完整、遣词造句是否流畅、情节描绘是引人入胜等是老师判定作文优良的标准。设计亦如此，只不过采用的是服饰语言。服装设计是否完整、色彩与材料运用表现是否协调流畅、细节刻画与整体搭配是否别有风味。例如，本季流行高明度纯度色彩和海军风，结合这两种元素设计的作品数不胜数，要从中脱颖而出还得看区别于其他设计的特别之处是否足够刺激顾客的消费冲动。

其次是否工艺可行。不是所有设计都能够转化为成衣，原因主要有两个方面。一方面，存在目前结构或者材料等技术不能解决的问题，如结构矛盾、材料缺陷、工艺限制等；另一方面，受生产能力制约，每家公司都有自身定位，生产的服装类型有限。因此，做设计之前，设计师需要掌握一定的服装结构和工艺知识，同时对公司的生产能力有全面的了解，对于设计主管提出的加工可行性疑问有合理的解决方法，从而保证初稿能够顺利的制作成成衣。

最后是能否产生利润。实现利润是公司的终极目标，实现利润最大化的途径是降低输入成本，缩短经营成本和提高输出价格。本阶段直接影响输入成本额度。要降低输入成本就要求设计款式的材料、制作成本预算应该在品牌定价

① 资料来源：孙进辉，李军. 女装成衣设计实务. 北京：中国纺织出版社，2008：53-54.

以内。因此即使初稿被选中，也难逃修改命运，修改内容会包括：造型、材料、色彩、细节、结构、工艺、配件等各个方面，尽最大可能的让产品为公司带来更高的利润。

（3）款式绘制工艺单。

定款后设计师需要绘制样板通知单，也称样板制造单或款式制作单，是方便设计师与样板师、样衣师更好沟通和指导打板与制作的技术文件。因此，绘制通知单时要清晰、明确地将款式和细节用图和文字交代清楚。虽然各个公司的要求和格式不尽相同，但是内容方面都大同小异。

样板通知单内容：一般来说包括以下内容：公司名称、设计主题、款式名称与款号、款式图、配色、尺寸、布料小样、面辅料用量、备注、落款等。

① 公司名称。一般用在抬头位置，有些还附有公司Logo，还有些公司样板制作是外包，这时也可能根据接单公司的格式填写在客户栏里。

② 设计主题。每一季服装推出都会有个主题，有些公司会将其列入文件中，有些可能会省略。

③ 款式名称与款号。款式名称与款号定款后，设计助理会帮忙给款式命名，并编号管理。

④ 款式图。款式图不需勾画人体，只要求表现款式。绘图时要求画出正面和背面款式图，根据款式需要有时还要画出侧面款式图。绘图要求比例恰当、表达准确、结构清晰，必要时还应列出文字说明和绘制局部细节放大图。采用电脑绘图或手绘视各公司具体情况而定，一般款式变化不大采用电脑比较方便，款式关联较少手绘可能更快，如公司无明确规定，各人可采用自己最方便快捷的方式。当然无纸化是必然趋势，且保存和下次调用方便，时间允许的话，建议采用此方法。

⑤ 配色。定款的服装可能由几种颜色搭配，或者有几种颜色样式，这些在制单时需要设计师特别注明。

⑥ 尺寸。设计师需要在样板通知单中标出该款服装的尺寸以方便制版师和样衣师有据可依。但是很多时候设计师对于服装结构和工艺的掌握有限，没能够标出尺寸，此时标注尺寸的任务就落到样板师头上，他会根据款式图比例以及与设计师的沟通来完成设定。

⑦ 布料小样。布料小样包括面料、辅料小样或者名称、代码，配件小样或型号。

⑧ 面辅料用量。成熟的设计师有时还能给出每样面辅料的用量，包括面料、里料、商标、吊牌等数量，方便核算成本。当然有些公司的单子上没有此项。

⑨ 备注。备注项方便设计师对款式打板和制作作特别说明，如，细节补充、用料注意事项、工艺要求等。

⑩ 落款。包括人物和时间。人物包括设计、审批、打板、制样、跟单等，时间包括设计、开始、审批、结束等。

（4）样板通知单实例。

样板通知单作为指导打板和制作样衣的媒介材料，它要求制单者严谨、细致、充分地表现设计意图。具体来说就是要清晰地绘制款式图，明确地将款式和细节用图和文字交代清楚，如需特种工艺要明确说明，文字与图片描述不能有歧义，应尽量减少误解。从设计图到成衣需要设计师与打板师、样衣师、跟单人员、质检人员以及设计主管等人联系沟通，为了提高协作效率，设计师交出的样板通知单应该尽可能的准确。

由于款式、工艺以及公司惯例不同，样板通知单内容或有差异，以下提供几个典型的实例，仅供参考，如图3-2-31至图3-2-34所示。

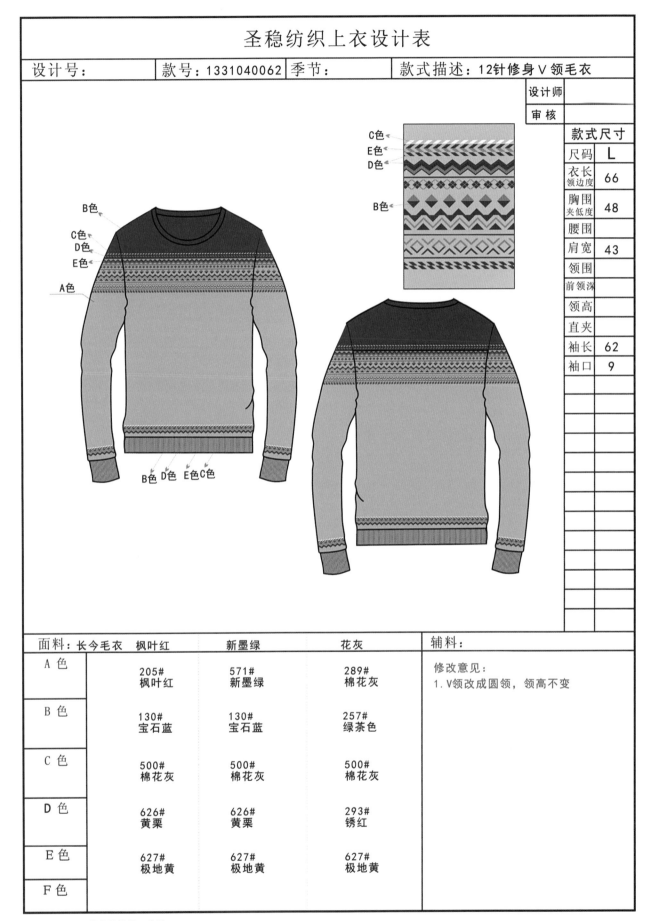

圣稳纺织上衣设计表

设计号：	款号：1331040062	季节：	款式描述：12针修身V领毛衣

设计师	
审核	

款式尺寸

尺码	L
衣长 领边度	66
胸围 夹低度	48
腰围	
肩宽	43
领围	
前领深	
领高	
直夹	
袖长	62
袖口	9

面料：长今毛衣	枫叶红	新墨绿	花灰	辅料：
A 色	205# 枫叶红	571# 新墨绿	289# 棉花灰	修改意见： 1.V领改成圆领，领高不变
B 色	130# 宝石蓝	130# 宝石蓝	257# 绿茶色	
C 色	500# 棉花灰	500# 棉花灰	500# 棉花灰	
D 色	626# 黄栗	626# 黄栗	293# 锈红	
E 色	627# 极地黄	627# 极地黄	627# 极地黄	
F 色				

▲ 图3-2-31　某产品样板工艺单1

圣稳纺织上装设计表

设计号：	款号：1331Y0133	季节：	款式描述：　修身夹克羽绒

设计师	
审核	

款式尺寸

尺码	
后中	
前长	
胸围	
腰围	
肩宽	
领围	
前领深	
领高	
直夹	
袖长	
袖口	

C布色
B布色
防水拉链
A布色
三角皮装饰
内车杖筋线
D布色即边包0.3cm棉绳
主唛
内车杖筋线

面料：		辅料：	
A 色			
B 色			
C 色			
D 色			
E 色			
F 色			

▲ 图3-2-32　某产品样板工艺单2

圣稳纺织上装设计表

设计号：	款号:1331C0013	季节：	款式描述：修身长袖衬衫

设计师	陈志锋
审 核	

款式尺寸

尺码	
后中	
前长	
胸围	
腰围	
肩宽	
领围	
前领深	
领高	
直夹	
袖长	
袖口	

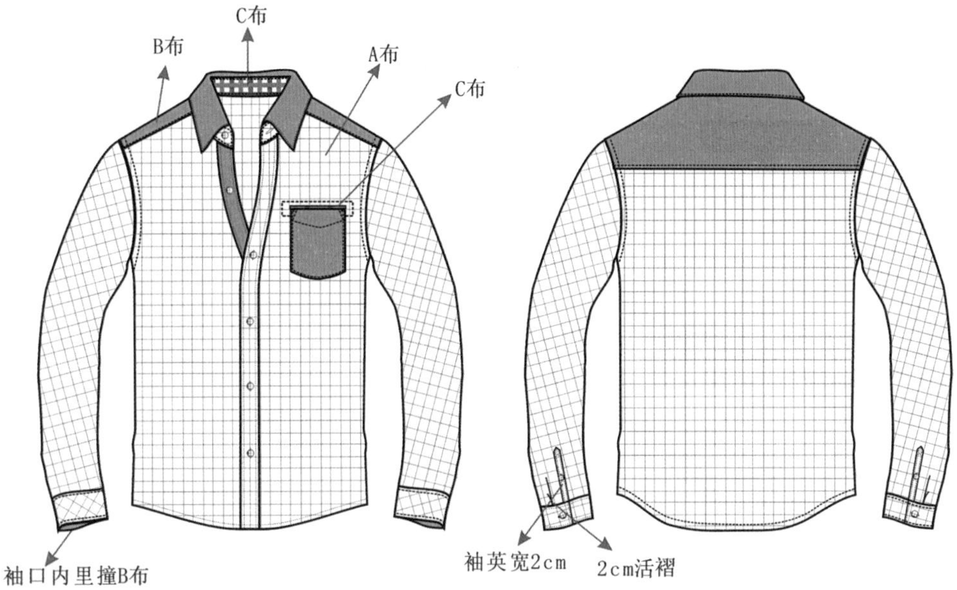

C布 B布 A布 C布

袖口内里撞B布

袖英宽2cm   2cm活褶

面料：		用量	A款	B款	辅料：
A布 (19.5/m)	汇隆纺织 货号:G6066 广州市海珠区中大国际轻纺织城一楼E区1187号 13622237999				
B布 (18.8/m)	德泰布业 货号:高密全棉牛津纺 广州市中大国际轻纺织城 E1178号 15800040611				
C布 (18/m)	沃玛纺织 货号:9-2 广州市海珠区中大国际轻纺织城二楼E2083 13794359666				
D布					
洗水要求					

▲图3-2-33 某产品样板工艺单3

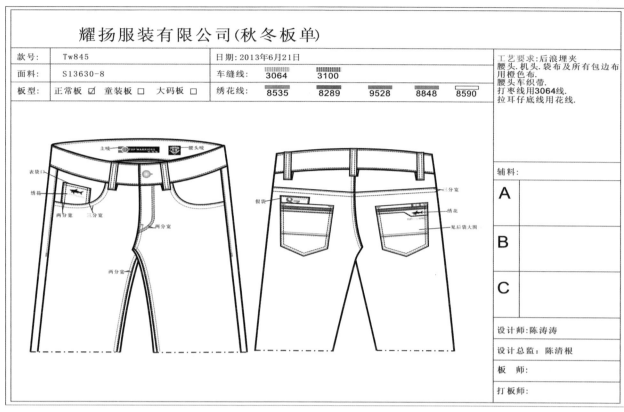

耀扬服装有限公司(秋冬板单)

款号：	Tw845		日期：2013年6月21日		工艺要求:后浪埋夹
面料：	S13630-8		车缝线： 3064　3100		腰头.机头.袋布及所有包边布用橙色布.
板型：	正常板☑　童装板□　大码板□		绣花线： 8535　8289　9528　8848　8590		腰头车织带. 打枣线用3064线. 拉耳仔底线用花线.

辅料:

A

B

C

设计师:陈涛涛

设计总监：陈清根

板　师:

打板师:

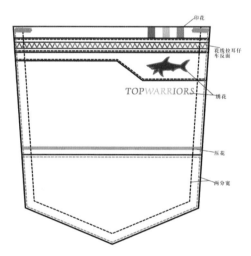

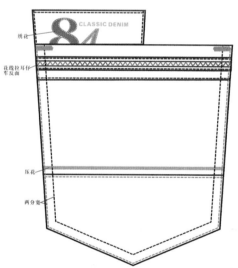

▲ 图3-2-34　某产品样板工艺单4

五、样衣制作和批量下单

　　仅凭服装款式图不能完全展现服装的真正效果或全貌，因此需要成衣来呈现。样衣制作包括打板和制作两大部分，打板师根据款式图制作样板，样衣师根据样板制作样衣，设计师或设计主管通过审视和评价样衣对其不合理的部位提出修正意见，打板师再改板，样衣师再制作，如此反复几次，直至样衣获得满意效果样衣制作才算完成。此后，销售经理、设计总监或者公司老板决定下单数量，由板房或者设计部填写生产制造单。

1. 样衣制作

绘制完成的样板通知单经设计主管审核无误后将签字移交板房，然后板房完成样板和样衣。由于设计师自己不制作样衣，设计与成衣之间会有所偏差，为了充分表现设计师的意图，设计师应经常跟打板师和样衣师沟通配合，尽量减少样衣的缺陷和样板修改幅度。

审核后的样板通知单一般由设计师自己交给样板师。交付时，设计师应详细地将款式特点、注意细节、制作要求等告知样板师，样板师不明白的地方也应与设计师及时沟通，以便正确的理解设计意图，绘制出准确的纸样。同时，对于公司不能完成的特种工艺，样板师会及时通知设计师找人去相关工厂加工。

样板制作一般参照如下程序。

分析款式图：分析该款服装类型，确定各轮廓线、结构线、零部件的形态和位置、缝制方法、所需附件、缝制工艺、所需设备等。

绘制样板：根据通知单提供的尺寸数据或拟定尺寸描绘纸样，包括衣片、零部件及辅料的纸样，然后加放缝份和贴边，填写图样说明，注明各部件布纹方向、吻合记号、数量。检查无误并无漏缺之后才可以裁剪成样板。样板制作是否合理，是否准确表达设计意图，需要制作样衣来检验。样衣师根据打板师提供的样板完成首件样衣制作。众所周知，款式造型、颜色、材料和细节都是决定成衣价值所在，而这些的完美呈现都把握在样衣师手上。样衣制作经过排料、划样、裁剪、熨烫、缝制和整理过程，其中需要样衣师注意的细节有：缝制形式、缝迹、缝型、熨烫形式和顺序、特种工艺等。在加工前慎重考虑好这些因素，尽量保证效果、简化工艺、提高效率。

2. 试衣改板

样衣制作完成后由人台或者试衣模特试穿，设计师和设计主管一起审视样衣是否符合要求，评价标准包括以下内容。

（1）样衣效果是否与设计相符。此处样衣制作的首要目的就是为了更全面、完整的展示设计定款的效果，包括该款实样可以达到的效果，样衣与主题风格是否存在偏差，是否有改进余地等。

（2）整体效果是否协调、美观。由于制板师与设计师对于同款服装理解的差异，以及样衣制作过程中材料、工艺、技术等的限制，样衣与款式图存在一定偏差是正常现象。所以款式图中协调、美观的服装做成样衣后其整体效果仍需审视。

（3）局部与整体比例是否恰当。服装各部位长度、宽度、维度与整体比例搭配如果不协调可能会令穿着者看起来矮的更矮、胖的更胖或者比例不合时宜，而不是起到修饰人体或突出优点的作用。另外部件与整体比例不当还可能令服装显得异常怪异，如果设计本身没有要扭曲意思的话，显然是不合适的。

（4）色彩、面料搭配是否协调。面料作为色彩、造型等的物质基础，它的色彩、质地搭配是否协调关系设计的成败。从款式图到样衣，从纸到面料的转变，色彩、质地发生了质和量的变化，原本协调的因素此时需重新检验。

（5）工艺制作、细节表现是否到位。从顾客心理来看，制作精良代表高品质，值得高价钱。所以样衣师的工艺制作好坏、细节表现到位与否会直接影响顾客购买行为，这一点需要高度重视。

（6）配件与样衣搭配效果是否协调。配件以及相关产品的导入可以帮助提高服装销售业绩，将单只产品的风险通过组合销售平摊或降低。配件搭配得当能够促进服装销售，搭配不当时甚至可能毁掉整体效果，对服装销售不但不起促进作用，反而有可能拉后腿，并且增大了配饰的存货。

（7）功能设计是否合理、舒适。服装两大作用即审美与功能。仅仅满足审美的标准是不够的，服装的商品属性要求它以人为本。与人体接触材料是否舒适，服装穿脱是否方便，穿着时能否防寒、保暖、隔热、挡风、防水、防霉、防蛀、防辐射、耐日光、耐化学品、耐高温、保健等，结构设计是否符合人体工学，管理保养是否方便简易等。

通过上述几个部分的审视，设计师找出需要修改的地方跟样板师和样衣师沟通，商量并提出修改意见，重新修正纸样、工艺、配饰等，直至达到设计要求。

参与样衣制作过程是设计师积累经验走向成熟的重要途径。在此过程中设计师将体会纸上款式图与成衣效果的差异，对于面料、色彩、配饰、工艺的掌握和控制能力将得到提高，最终成长为将设计、成衣、市场三者合一的优秀服装设计师。

3. 改板审核，编制生产工艺单

样板和样衣经过修改至满意效果后，生产或销售部门向销售经理、设计总监或者公司老板请示、汇报。接着召开订货会有客户订货确定款式颜色、码数和款式订单数量后，再次审核和修改款式，确认款式资料及生产工艺单，审核后移交资料和样衣给采购和生产部。经签字同意后由生产计划、板房或者设计部填写生产制造单，向自有生产部门或者外包工厂下达生产通知。生产（制造）通知单是服装生产任务书，详细说明了服装加工生产要求。它还是指令文件，用于指导服装制作与生产。因此编写生产制造单时一定内容详细、图片清晰、文字明确、术语规范，使得各部门或企业沟通顺畅无障碍。

4. 生产通知单内容

一般来说包括三个方面的内容：基本信息、面辅料信息、加工生产信息。具体细分如下。

（1）基本信息。订单资料：订单编号、款式名称及编号、客户名称、加工厂名称、订单日期、交货日期、订单数量等。此外还有号型分配、尺寸规格、颜色分配、数量分配等。包装说明：内、外包装内容、形式、注意事项。

（2）面辅料信息。面料信息：面料名称、组织、成分、小样。辅料信息：为方便描述，在此将辅料分为生产、包装两类。生产辅料：提供各种辅料具体规格、颜色、材质说明。如里料、衬料、填充材料、缝纫线、纽扣、拉链、钩环、尼龙搭扣、绳带、花边、商标等。商标分主商标、成分标签、洗水标签、产地标签、尺码标签等，商标内容、形式以及使用位置应具体说明。包装辅料：包括吊牌、袋卡、衣架、大头针、塑料袋、纸箱等。

（3）加工生产信息。裁剪：注明特别裁剪要求，如特殊面料毛向、对条、对格、对花等。制作：采用图片和文字表明制作要求，如部件尺寸、位置、效果、折边宽度、缝型、线性、扣眼与纽扣制作、特种工艺等。整理：后整理、熨烫、折叠等要求。包装：入包方法（颜色、数量、尺码分配等）、入箱方法（单色单码、单色混码、混色单码、混色混码）和封箱要求。

由于款式、工艺以及公司惯例不同，生产工艺单内容或有差异，以下提供几个典型的实例，仅供参考。如图：3-2-35至图3-2-40所示。

耀扬服装有限公司生产制造单

客户	新厂	品牌	TW	组别		床次		数量	600条	实装数量		条
大货款号	TW845	袋布：	顺达：TW					面布：S13630-8#		制单日期		2013/6/21
	男童弹力长裤		绣印压花					黑袋布				
洗水方法							洗水厂		出货日期			
裁床要求												

码数	29#	30#	31#	32#	33#	34#	35#	36#	37#	38#	总箱数	
制单数量	75	75	75	75	75	75		75		75	总条数：	600

成品洗水后尺寸表（单位：英寸）

部位/尺码	29#	30#	31#	32#	33#	34#	36#	37#	38#	39#	度法
腰 围	30	31	32	33	34	35	36	37	38	39	平度
坐 围	37 1/2	38 1/2	39 1/2	40 1/2	41 1/2	42 1/2	43 1/2	44 1/2	45 1/2	46 1/2	浪上3 1/2度
脾 围	22 3/4	23 1/4	23 3/4	24 1/4	24 3/4	25 1/4	25 3/4	26 1/4	26 3/4	27 1/4	浪底度
膝 围	17 1/4	17 1/2	17 3/4	18	18 1/4	18 1/2	18 3/4	19	19 1/4	19 1/2	浪下14"度
脚 围	14 1/4	14 1/2	14 3/4	15	15 1/4	15 1/2	15 3/4	16	16 1/4	16 1/2	
前 浪	9 1/4	9 1/2	9 3/4	10	10 1/4	10 1/2	10 3/4	11	11 1/4	11 1/2	连腰
后 浪	13 1/4	13 1/2	13 3/4	14	14 1/4	14 1/2	14 3/4	15	15 1/4	15 1/2	连腰
内长	32	32	32	33	33	33	33 1/2	33 1/2	33 1/2	33 1/2	(inch)
前中拉链	4 1/2	4 1/2	5	5	5 1/2	5 1/2	6	6	6	6	(inch)

车间辅料说明

面线：	3100　　3064		前中拉链	4#黄铜牙 宝蓝底 弹簧头
底线：	PP：2969 604 606		横唛：	TW
锁骨：	PP：2969 604 603		旗唛：	TW
打枣 凤眼	3064　　604+608		主唛	TW　　*1
			尺码洗水	TW　　*1

			方唛	TW	*1
			挂唛	TW	*2

包装材料说明

吊牌	TW	×1
腰卡	TW	×1
胶袋	TW	×1

三折装入一胶袋，按比例8条装入一中包袋，168条/箱

车间制作工艺要求（详细工艺请参考生产板）

注意：整件针距平车一寸8针，及骨一寸10针，整件不可有跳线，驳线不均等现象出现。

1 单双排包边（橙色），裤头厘包边（橙色）、橙色代布机头厘布。

2 前后表代绣花、左右后代压花、右后代口贴布印花绣花。其他工艺做跟板。

备注

注意事项：

1.车间必须开货前车30码1条大货板给本公司批板。

2.车间必须剪长线后洗水。

3.车间大货不能出现有阴阳色差。

4.做工要求精细，不能有油污等杂质。

注：如发现生产板与制单不符，请问清楚厂方负责人再开货。

此款为弹力布，注意五线扭腿。

制表：旋玉容	审核：	打印日期：2013-6-21

▲ 图3-2-35　耀扬服装公司产品生产工艺单

东莞圣稳纺织有限公司
生产工艺制单

品名	男装长袖衬衣	款号	1331C0013	对应号		上市时间	
加工厂		数量	200	下单日		交货期	

图 片	备 注
	1）前中对格
	2）前后幅侧对格
	3）袖左右对格

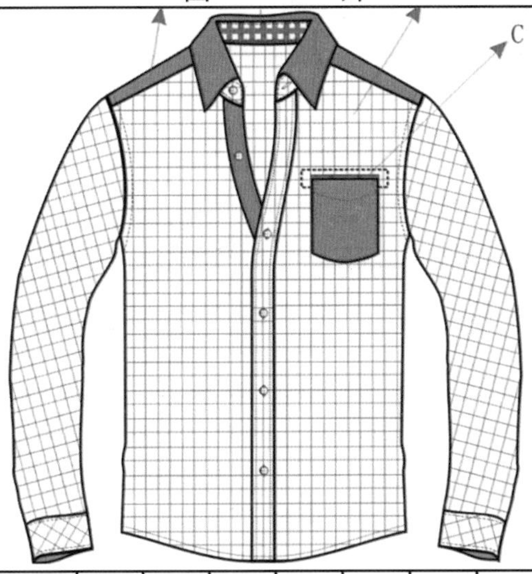

码 数	S	M	L	XL	XXL		合 计	面料成分：100%棉
颜 色								
红格		10	35	40	15		100	
绿格		10	35	40	15		100	
								安全类别：GB18401-2010B类
合 计	20	70	80	30			200	执行标准：GB/T2660-2008

	名称	幅宽	单件用量	颜色	用 法 及 位 置
面料明细	A料（A）		103	橘红格	前幅左右/后幅/左右袖/外下级领/左前筒/后内担干
	A料（B）		103	绿格	前幅左右/后幅/左右袖/外下级领/左前筒/后内担干
	B料		19	天蓝色	用在后幅外担干/上级领底面/右前筒面贴/胸代
	C料		2.5	橘格	用于内下级领/胸代贴外露0.6
	C料		2.5	绿格	用于内下级领/胸代贴外露0.6

	名称	编号	单件用量	颜色搭配	
辅料明细	主唛		1个	黑色	订于后中担干领骨位下2CM处（两边车暗线）
	洗水唛		1个	白色	订于左侧脚上12CM处，倒上后幅为面
	钮扣		12粒		前中X7/袖口X4/备用X1
	吊牌/套		1套	白色	挂前领下第二粒纽门位
	拷贝纸		1张	白色	放硬纸板底内折
	胶代		1个	白色	外包装

▲ 图3-2-36 东莞圣稳服装产品生产工艺单1

工艺要求及尺寸表   1331-C00 13

尺寸标准				成品尺寸				
部位	量法	S	M	L	XL	XXL	误差+/-
胸围	夹底度		99	103	107	111	1
中腰围	全围度		91	95	99	103	1
脚围	直度		100	104	108	112	1
肩宽	骨至骨		43.5	44.5	45.5	46.5	0.5
领围	扣好度		41	42	43	44	0.5
后中长	领骨至边		69.5	71	72.5	74	1
夹圈	弯度		48.8	50.8	52.8	54.8	0.5
袖肥	夹底度		37	38.5	40	41.5	0.5
袖口	扣好度		21.5	22	22.5	23	0.5
袖长	顶度		61.5	63	64.5	66	1

★工艺要求★

特别注意：针距：打边1寸 1 3针   拼缝 /压线1寸 11针 线路调好，不能起珠

裁床要求：

1）工厂收到原板/纸样/唛架需核对清楚，是否吻合，如有问题请反汇我司跟单。

2）收到面料需工厂清点好，才能拉布裁，拉布注意正反面/格子左右对称。

3）面料需写编号，以免色差。

4）裁片要求标准工整，相同裁片相差不可超过0.2cm，不可漏刀口，100%查片。

车缝要求：

一）拼骨不可有松紧，止口大小一致，顺直，倒针要牢固。

二）前幅

1）左前幅按纸样扫粉，车撞色装饰线，贴格纸撞色托布方正，胸代包烫好，代口折反压V字单线，贴代压边线

2）前幅格子裁片按实样修剪，前中格子左右对称。前中筒烫朴，左筒两边压0.5单线对格，右筒贴B布撞色。

三）后幅

1）A/B布担干拼接后幅运反，压1/4单线不过底，需平服，压线不能起扭，弯曲 。

2）拼肩缝夹前幅运反，压边线，后担干外撞B布/内A布，底面平服，不能多布，起扭。

四）袖子

1）袖叉烫朴，按实样包烫，开袖叉平服，不能毛角，左右对称，按实样包烫，宝剑头顺直左右对称/压线参照原板。

2）上袖包骨，需圆顺，左右格子对称，止口倒衫身处压1/4单线。

五）领子

1）先烫硬朴，按实样包烫运反，领尖左右对称，上级领压1/4单线，下级领咀按实样左右对称，压边线。

2）上领需圆顺，三点位对准，整个领围平顺，自然。（领底紧面松）

六）下脚

1）下脚折反0.8cm压单线，脚围要圆顺，控制前中筒左右不能有长短。

后整要求：

1）开纽门跟此款纽扣形号开，线路调好，按纸样点好位。订纽需烧角。

2）清剪干净线头，小心剪刀划破衫。

3）清干静烫台，大烫不能有水印现象，需烫平服，不能有皱的现象。

4）查衫注意：不能有烂洞/爆口/压线落坑/腰头起扭，断线跳线，扭脚，发黄，洗水痕，洗水印等错码现象。

包装、出货要求：

1）单件入胶袋，折装。

2）合格证放主吊牌上（主吊牌底，合格证价钱在面，挂在前中第二粒纽门上）。

备注：如制单与样衣不吻合，工艺未提及之处请电话咨询我司跟单。

▲ 图3-2-37 东莞圣稳服装产品生产工艺单2

面 辅 料 卡　1331C0013

面料名称/颜色	A料	B料	C料	D料
	编号：G6066	编号：高密牛津纺	编号：9-2	编号：
	颜色:红格（2）	颜色：天蓝色	颜色：橘色格	颜色：
A款	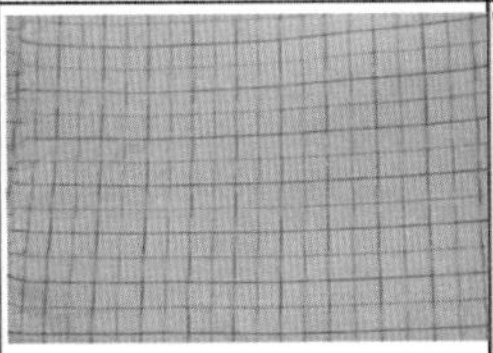			
	编号：G6066	编号：高密牛津纺	编号：9-2	编号：
	颜色:绿格（1）	颜色：天蓝色	颜色：蓝绿格	颜色：
B款	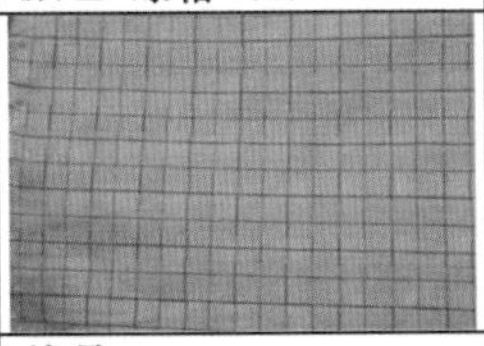	同上		
	编号：	编号：	编号：	编号：
	编号：	编号：	编号：	编号：
C款				
	编号：	编号：	编号：	编号：
	编号：	编号：	编号：	编号：
D款				

辅料类	纽扣	贴样 			
唛头类					
吊牌类					

▲ 图3-2-38　东莞圣稳服装产品生产工艺单3

华红制衣厂生产工艺单

日期：2013-01-05	款号： KBL868

裁床注意事项

原板做 M 码

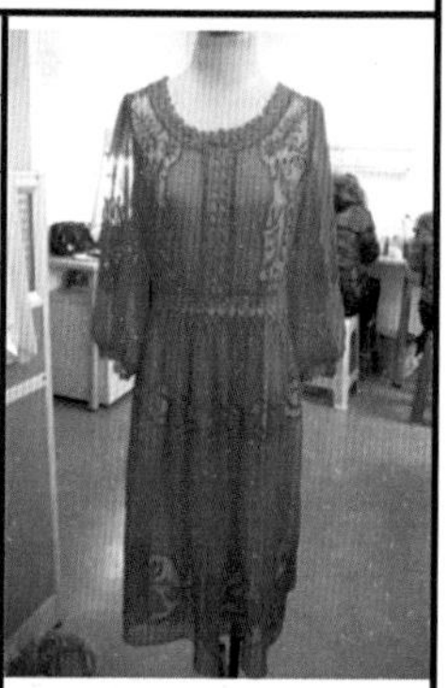

尺寸表（单位：cm）

名称	M	L	XL	2XL	3XL	4XL		纸样尺寸	样衣尺寸
肩宽	34.0	35.0	36.0	37.0	38.0	39.0	1.0	34.0	35.0
胸围	92.0	96.0	100.0	104.0	108.0	112.0	4.0	93.0	92.0
腰围	77.0	81.0	85.0	89.0	93.0	97.0	4.0	77.5	77.0
后中长	95.0	96.3	97.6	98.9	102.9	102.9	1.3	95.0	95.0
	2XL至3XL之间跳4cm，3XL至4XL通码								
袖长	46.0	47.0	48.0	49.0	50.0	51.0	1.0	45.8	46.0
袖口	28.0	29.0	30.0	31.0	32.0	33.0	1.0	28.0	28.0
夹圈围	46.0	47.6	49.2	50.8	52.4	54.0	1.6	47.0	44.0
袖肥	44.0	45.5	47.0	48.5	50.0	51.5	1.5	46.0	44.0
领围	67.0	67.0	69.0	69.0	71.0	71.0	2.0	68.0	67.0
	两个码一跳								

车间注意事项

商标：用辣妃春夏主唛，平车车在后领口处，码唛车在主唛正中的下面

洗水唛和成份唛重叠车在左侧内缝里面下脚边往上7寸处洗水唛印有码标的朝上

成分：100%POLYESTER

主辅料明细及颜色搭配

品种	颜色	颜色	颜色	颜色	布封	样板用量	单价	加损耗
02仿乔其主布	大红				1.42m	2.2m	10.9	8%
50D珍珠丝主布		绿色	蓝色					
弹力真丝双绉		杏色			1.45m	1.1m	8.8	6%
花边	大红	绿色	蓝色			4.38Y	3	6%
网布	大红	绿色	蓝色		1.45m	1.27Y	19	8%
隐拉14"	大红	绿色	蓝色			1条	0.8	3%
绣线	1862#大红	19排217绿色	1618#蓝色					

下脚要修剪，里布短面布2.5cm

采购注意事项

外发工艺注意事项

花边、网布染色顺主布色

前幅半成品绣花，其他裁片绣花

尾部注意事项

包装方法：透明袋 叠 装

（样衣）修改注意事项

样衣隐拉的颜色和材质不正确

制表人：	设计师：	纸样师：	部门主管：

▲ 图3-2-39 华红制衣厂产品生产工艺单1

华红制衣厂服装报价表

款号	KBL868	日期	2013/1/5	下单件数		裁床数		实际出货数				
款式	连衣裙			板房报价		实际报价			总经理审核		板房确认	
				品种	价格	品种	价格	审核人签名	确认价格	签字	确认价格	
				面料	62.2	面料	0					
款式图片				辅料	14.8	辅料	0					
				毛衣	0	毛衣	0					
				绣花	48	绣花	0					
				染色	1.5	染色						
				修片	1.8	修片	0					
				手工	0	手工	0					
				板费	0	板费	0					
				损耗	5	损耗	0					
				车位价	12.5	加工费	0					
				板房成本价	170.8	实际成本价	0					

报价人　　　　　　　　　　　核价

报价确认							
建议零售价	计算零售价	最终零售价	加盟商供货价	客户部经理签名	最终确认	备注	

▲ 图3-2-40　华红制衣厂产品生产工艺单2

成衣
产品设计

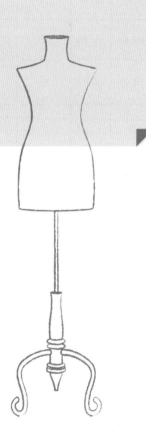

第四章

成衣产品设计项目案例

　　本章节选用了两个成功而且具有代表性的企业产品设计案例，以图片结合文字直观的形式来阐述成衣产品开发的过程，从而进一步加深对前三章内容的理解与掌握。更重要的是让同学们在未走出校门时能有机会学习和掌握企业产品实际开发过程，从而确保教材和教学内容与企业实际生产不脱节。最终使我们的学生能以最快的速度适应岗位。

案例1：圣大保罗童装品牌策划

一、品牌介绍

1. 品牌文化

广州博雅服装有限公司是国际知名品牌圣大保罗（SANTA BARBARA POLO & RACQUET CLUB）童装中国总经销，是一家致力于发展中国儿童健康事业，关注儿童成长，成就妈妈希望的专业儿童服饰公司。

企业使命：关注儿童健康成长，打造中国一流的高档时尚童装品牌。关注儿童成长过程中不断变化的来自不同层面的需求，包括物质方面的，心理方面的，精神方面的等。倡导一种健康穿衣理念，带给儿童一个健康向上，积极进取的生活态度，让每一个成长中的儿童都能留下一个美好快乐的童年回忆。致力于儿童健康事业，打造中国一流的高档时尚童装旗舰品牌。

2. 品牌故事

成立于1910年的圣塔芭芭拉马球俱乐部（SANTA BARBARA POLO & RACQUET CLUB），是加州最古老的马球俱乐部，它位于被誉为"美国的地中海风光圣地"的圣塔芭芭拉（SANTA BARBARA），是一个气候宜人的海滨城市。晴朗的天空、碧蓝的大海、金色的沙滩、油绿的草地、婆娑的树影，呈现出一幅典型的加州休闲生活方式。以圣塔芭芭拉马球俱乐部（SANTA BARBARA POLO & RACQUET CLUB）的徽标为商标的国际知名服饰——圣大保罗童装品牌正是从这里诞生的，它承袭了马球精神，其人、马、球杆高度协调，人形合一的标志，体现的是一种时尚与高贵的融合，代表的是一种聪颖活泼、勇敢自信、积极向上的精神。圣大保罗童装品牌依托着悠久的品牌文化和自身高贵、时尚的气质，将马球文化融入服装款式之中，风格简洁，穿着舒适、安全，且注重服装面料的环保性与功能性。时至今日，圣大保罗专卖店遍布全球，其服装深受消费者喜爱，圣大保罗品牌已经成为当今上流社会时尚文化的代名词。

二、准确确定设计目标市场

设计目标市场是企业策划的一个重要环节，也是企划部门为实现企业目标而实施的创造性的思维活动以及将其具体化的导航仪。

1. 品牌定位

品牌定位的步骤：市场细分（确定细分变量，细分市场；定义每个细分市场）⇒选择目标市场（评估每个细分市场；选择细分市场）⇒市场定位（确定每个目标市场的定位概念；选择、发展传播确认的定位概念（图4-1-1圣大保罗童装品牌定位）。

在物质生活不断提升的中国，人们的需求逐渐由物质向精神层面转移，服装不再是一种单纯的物质需求，它已经是一种身份与地位的象征。追逐时尚潮流，品味高雅生活，展示个性魅力。圣大保罗品牌凭着自身之高贵与经典，将"少年领袖，宝贝精英"作为品牌的核心，诠释出优越的儿童生活态度。

时尚

成熟

可爱

经典

▲图4-1-1　圣大保罗童装品牌定位

2. 品牌内涵

执着自我追求者：希望成为中心、成为焦点，成为群体中的领袖。又渴望在活动中与别人分享快乐。

影响的追随群体：向上的、乐观的、有良好的心态与生活品位趋向的、喜欢挑战新事物的儿童群体。

品牌体验：自信、勇敢、超越。

3. 目标消费群体描述

圣大保罗品牌凭着自身之高贵与经典，将"少年领袖，宝贝精英"作为品牌核心，诠释出当代儿童优越的生活态度。圣大保罗童装主要针对的是一群0～15岁，生活在都市的儿童，他们成长在教育程度高、经济条件宽裕的家庭，他们的父母亲有的是都市白领阶层，有的是政府公务员，有的是成功商人，有的是企业高管和企业家等，在这种高素质家庭文化氛围的熏陶下，孩子们往往表现突出，他们聪颖活泼，勇敢自信，积极向上，爱好广泛，并有机会接触多样性的社会活动和文化活动，除了他们父母对他们服装的品牌以及品质有比较高的要求外，他们对着装也有自己的个性标准，并且极容易跟风潮流，他们是儿童中时尚文化的"代言人"。

4. 目标消费群体细分

通过对目标消费群体的分析，目标消费群体可分为以下四种类型，即学习型、文艺型、才艺型和运动型。

（1）学习型。

状态描述：这群儿童生活在文化素质比较高的家庭，他们的父母通常是白领工薪阶层或政府公务员，家庭经济状况较好，属于社会中等阶层。这部分儿童由于受到家长的良好启蒙教育，往往起点比一般儿童高，自制力比较强。因此学习成绩优秀，在学校特别受到老师的宠爱，同时也被同学们作为学习的榜样。这类儿童的生活方式一般都是按父母的设计按部就班。

活动场所：基本是学校、家两点一线，星期六、星期天时经常光顾的地方有书店、图书馆等。会定期或不定期的陪父母参加一些健身活动。

心理描述：这类儿童很少有属于自己的休闲活动，一般都是按照父母的规定行事，所以，他们往往表现出两个极端，要么非常顺从父母意志，做标准的好孩子；要么，内心非常叛逆，很想过属于自己想要的生活方式，时间久了，后者往往个性孤僻，不善交际。

（2）文学型。

状态描述：这群儿童生活在文化氛围比较好的家庭，他们父母的文化程度比较高，相当一部分都属于小资阶层，他们有生活情趣，讲究生活品位，注重生活质量。这类儿童由于受到良好的家庭文化影响，一般从小就阅读大量的文学作品，表现出一定的文学天赋，他们会定期或不定期的在校园刊物或相关报刊或作文集上发表自己的作品。

活动场所：图书馆，博物馆等。户外活动等。

心理描述：有自己的价值观和世界观，在生活中，表现得像个小大人。由于他们成熟得比较早，所以感情比较独立，对父母的依赖性不是很强，他们的父母也比较尊重孩子的生活方式，没有过多的干涉。这类型儿童一般都表现得比较文静，他们有自己的审美观，生活上比较自由。

（3）才艺型。

状态描述：这类儿童往往生活在比较富裕的家庭。他们父母有的是成功商人，有的是企业家，有的本身就是艺人甚至社会名流。由于经济条件允许这些儿童从小就受到高层次教育，他们有专职的乐器、绘画等专业艺术老师，他们还会定期参加团体演出或活动。他们经常被打扮得像小王子或小公主，更加突出他们在同龄儿童中的优越感。

活动场所：少年文化宫，演出场所，舞蹈学校，户外写生等。

心理描述：由于这类儿童生活在条件优越的家庭，从小就有一种优越感。另外加上自己在某项才艺方面表现出来的小有成就，因此，他们从小就有很强的自尊心，勇于挑战，特别在才艺方面表现得非常积极主动，而且充满了兴趣。但在生活上，他们却表现得比较无知，对父母的依赖性很强，生活上独立性和自理能力比较差。

（4）运动型。

状态描述：这类儿童生活在文化层次较高，父母思想比较开明的中产阶级家庭。他们的父母往往比较尊重孩子们的兴趣，对他们的爱好不过多的干涉。因此，这些儿童比较好动，他们会有一大堆的玩具，会经常参加聚会。在学校，他们积极参加各项体育活动，有很多在运动上表现得比较突出，比如他们中某些人成为学校的运动员代表，甚至有些进入国家跳水队，体操队等。

活动场所：游乐场，体育场，户外锻炼等。

心理描述：这些儿童生活在相对自由宽松的家庭，能做自己感兴趣和喜爱的事情，经常参与社会活动。因此，性格开朗、外向，表现得比较阳光。在生活上，有一定的自理能力，情感比较丰富，对父母的依赖性不是很强。

5. 针对目标消费群体延伸

职业白领阶层；政府公务员或事业单位职员；成功商人；企业高管或企业家；社会名流。

6. 确定品牌风格

将马球精神融入服饰文化中，经典高贵，时尚动感。体现的是一种时尚与高贵的融合，表达的是一种聪颖活泼、勇敢自信、积极向上的精神。

7. 定位产品结构

（1）小童产品线：男童占45%，女童占40%，中性占15%。小童号型分90、100、110、120共4个码。

（2）中大童产品线：男童占55%，女童占45%。中大号型分110、120、130、140、150、160共6个码。

产品类别：T恤、短袖、衫衣、背心、外套、夹克、风衣、棉袄、羽绒服、长裤、短裤、连衣裙、短裙、鞋、包、帽子、围巾等配件。

8. 价格定位策略

做国际一流的时尚童装品牌。价格档次定位为高档。在实际的产品定价策略中，同时也会照顾到中高档层面的消费者，因此，产品的价格构成中会有一个梯次。形象款是体现品牌的经典与高贵的产品，价格属于高档价位。主打款是销售的主力产品，以都市时尚与运动休闲为主要表现风格，价格属于中高档价位。推广款往往是采用了一些新型面料或具备一些新功能性，用于提升品牌优越感，区别于竞争对手的产品。广告款主要体现品牌文化，起到传播品牌的效果，价格属于中档次价位。

9. 销售渠道

圣大保罗童装以商场专柜为主要的销售渠道，如图4-1-2、图4-1-3所示。

◀图4-1-2
圣大保罗童装以商场专卖为主的销售渠道

序号	城市	进驻商场	预进商场	预进时间	序号	城市	进驻商场	预进商场	预进时间
1	北京	翠微商场	赛特	3月	20	大同	华林商厦		
2		新中国儿童商城			21	烟台	百盛购物中心		
3		金缘商场			22	青岛	麦凯乐商场		
4		燕莎百货			23	深圳	华强北茂业	吉之岛	3月
5	长春	欧亚商都	卓展、新国商	4月	24	成都	人民商场	王府井、伊藤	3月
6		老国商百货			25	厦门	瑞景来雅百货		
7	通化	欧亚商都			26		中山天虹百货		
8	哈尔滨	远大国际商场	中央商城	4月	27	龙岩	专卖店		
9	大庆	新玛特商场			28	武汉	武汉广场		
10		毅腾商场			29	长沙	友谊名店		
11	大连	新玛特商场	麦凯乐、锦辉	3月	30	温州市	银泰商场		
12	丹东	新玛特商场			31	温州苍南	龙港置信购物		

▲ 图4-1-3　圣大保罗童装销售计划

三、市场流行分析

设计师在新产品开发前需结合目标市场定位和风格定位，做相应的流行信息收集、分析与整理，主要是色彩趋势解析、面料趋势分析、款式趋势分析、设计细节的提取等工作，然后根据品牌定位与消费者定位，制定合理的主题、产品品类。主要流程如下。

市场流行分析主要从流行趋势的分析（风格、轮廓、色彩、面料、品类、服饰配件），理念风格的设计（理念风格的定位描述、确定商品的理念），服装总体设计（廓形选定、色彩原则、面料选定、细部特征选定）三方面入手。

四、设计开发产品

在设计开发产品阶段，设计师应该清楚并准确把握公司的市场方向，明确设计总监预先设定出来的流行风格。通过设计师自我理解，将各种设计灵活应用并有创造性的突破。在这个环节中设计师应特别注意与其他设计师、板型师、工艺师和设计助理的合作。期间完成廓形设计、选择面料、服饰配色、装饰细部，根据着装者体型确定尺寸、打出样板，最终将复杂的设计简化成利于理解的形式的样衣。

下面就圣大保罗2007~2008秋冬系列实例展开阐述。

圣大保罗2007~2008秋冬系列产品分素雅宫廷、魅力成长、美丽成长、经典萦绕四个系列，延续以"少年领袖、宝贝精英"为品牌核心圣大保罗品牌的悠久历史。（如图4-1-4圣大保罗2007~2008秋冬系列产品冬系列风格定位）

圣大保罗2007-2008秋冬系列
简洁、精致、优雅

最美观和合乎年代的系列，创立自我和明确的风格形象，以高质量组织生产，并尊重年轻一代及其环境，在坚定这种信念的地方推广圣大保罗。

2007-2008秋冬圣大保罗在设计上延续了塑造"少年领袖，宝贝精英"的概念和坚持品牌的风格，并在此基础上结合人们的生活趋势和时尚方向做了更贴近时尚的童装系列设计。整个季度重点是经典款式与时尚元素的低调结合，呈现出简洁、精致、优雅与合乎年代的感觉。中童方面有四个系列，共有120款。小童方面则有两个系列，款式约96款。

▲ 图4-1-4　圣大保罗2007～2008秋冬系列产品冬系列风格定位

主题一：经典萦绕

本系列作为品牌的形象系列主要表现品牌的高端感觉，简约、明快的风格清晰地勾勒出每一个经典的元素。颜色搭配是以黑色、白色和灰色的经典搭配为主，款式线条笔直流畅、简洁大方，见图4-1-5至图4-1-7所示。

经典萦绕
Missing old days

▲ 图4-1-5　圣大保罗大童2007～2008秋冬主题一经典萦绕系列产品表达

经 典 萦 绕
missing old days

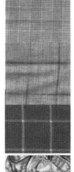

颜色特点：本系列的颜色搭配重点是黑色、白色、灰色的经典搭配，同时加卡其色，依靠这些颜色很好地演绎品牌的经典风范。整个色调体现浓郁的经典怀旧和成熟的感觉。

面料特点：本系列中，高档的含毛面料如法兰绒、华达呢、色织格等将成为主要面料，此外，在净色的吸水性良好的净色呢料上水印图案是本系列的一个亮点，另外，还有一些表面光滑、质地紧密的斜纹布作为传统的风衣面料，一些纹路清晰的长竹织物作为裤子的面料。

款式特点：本系列款式大部分都以简约、经典为主，款式外形的线条流畅笔直，大量运用穿腰带、大翻领设计，这些款式的设计与亚光的大纽扣相结合，营造出经典怀旧的氛围。同时，再配上精心挑选的高档面料，使本系列产品成为体现品牌高端定位的主打产品。

图案特点：本系列的图案运用得较少，图案的感觉主要通过比较通透的水印图案、经典的格子和浅色的条纹来体现。这些元素构成了整个系列的整体风格和感觉。

▲图4-1-6
圣大保罗大童2007～2008秋冬主题—经典萦绕系列产品定位

经典萦绕
missing old days

经典萦绕（小童）

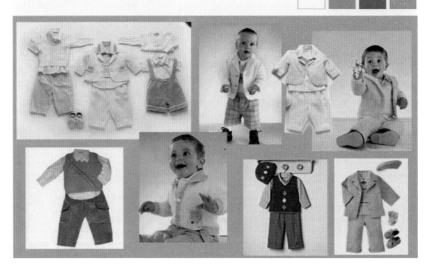

▶图4-1-7
圣大保罗2007～2008秋冬主题—经典萦绕系列产品展示

主题二：魅丽成长（女大童）

本系列的颜色彻底摆脱了秋季沉闷的色调，大胆运用系列亮丽的色彩。面料
上大量运用了花呢料和净色呢料，还有一些手感舒适的灯芯绒面料。款式上比较
注重时尚俏丽的设计，同时在搭配上非常注重服饰在层次上的表现，通过不同层
次的搭配把整个系列的时尚和亮丽表现出来，见图4-1-8、图4-1-9所示。

▲ 图4-1-8 圣大保罗大童2007～2008秋冬主题二魅丽成长（女大童）产品

颜色特点：本系列的颜色脱离开秋冬的沉闷颜色，大胆运用了一些亮丽的颜色。这部分亮丽的
　　　　　颜色将和秋冬的常用颜色巧妙地搭配，呈现出一系列娇丽而大方的冬装系列。

面料特点：在本系列中，高档的含毛面料如色织的特殊纹理的呢料和净色及手感细腻柔软的灯
　　　　　芯绒是本系列的面料重点。此外，由于在本系列中毛衣及其相关的面料也使用较
　　　　　多、毛编织与其他面料的搭配使用也是本系列的一大亮点。另外，搭配在毛衣里的
　　　　　柔软的印花面料也十分精致与独特。

款式特点：相对于其他系列，这个系列在简洁的款式基础之上，加入一些时尚、俏丽的设计元
　　　　　素，结构线上的设计和大大的圆形口袋是本系列的设计重点。此外，本系列在款式
　　　　　设计搭配非常注重服饰在层次的表现，通过不同层次的搭配把整个系列的时尚和亮
　　　　　丽表现出来。

◀ 图4-1-9
圣大保罗大童2007～2008
秋冬主题二魅丽成长（女
大童）产品定位

图案特点：本系列的图案以花形为主，形状不十分明确的大面积花和有规则的几何花形相结
　　　　　合。此外，还辅以部分碎花和圆点的图案。

主题三：魅丽成长（男童）

男装流行经典融入一丝休闲气息的错位搭配恰如其分地体现出精英少年成长时的魅力，并使他们在潜移默化中渐渐形成未来领袖气质的雏形。本系列的颜色以柔和搭配的褐色系列为主，并加入灰色元素增添其领袖精英的成熟气质。面料上主要运用灯芯绒和其他较为粗犷感觉的面料。款式上线条较为休闲宽松，整个系列在成熟的氛围里体现休闲和活泼的感觉，见图4-1-10至图4-1-12所示。

▲ 图4-1-10　圣大保罗大童2007~2008秋冬主题二魅丽成长（男童）产品表达

魅丽成长
Young leader

颜色特点：本系列的颜色以柔和搭配的褐色系列为主，并加入灰色元素增添其领袖精英的成熟气质，以及在颜色搭配上体现出一丝休闲的气息。

面料特点：在本系列中，质地较粗的呢料和粗细纹理相间的灯芯绒作为外套的主要面料，在裤子方面，则以粗斜纹布及其他相关的裤子面料。此外部分混纺的面料将会用作本系列的搭配面料。这些混纺的面料也在这个系列作为搭配使用。

款式特点：本系列在款式上依然以比较大方的常用款式为主，但会在外形线条上稍稍体现相对休闲的感觉。在搭配上，也运用了男装领域较为流行的经典加休闲的搭配方式。如西装搭配休闲裤或休闲外套搭配经典毛衣等。一点点错位感觉的搭配是本系列款式的主要特点。

图案特点：本系列的图案运用主要体现在毛衣的经典图案和稍带休闲感觉的字母印花上。

▲ 图4-1-11　圣大保罗大童2007～2008秋冬主题二魅丽成长（男童）产品定位

魅丽成长
Young leader

▲ 图4-1-12　圣大保罗大童2007～2008秋冬主题一经典萦绕（男童）系列产品展示

主题四：素雅宫廷（女童）

　　本系列灵感来源于中世纪欧洲的皇宫，典雅的浅杏色映衬着高贵的白色，其中跳跃着的贵族气质，加入当下流行的金色系列，而且在细节中加入金色使其更具时尚感。面料使用柔和的平绒布、高品质的毛料和手感舒适的羽绒服面料。款式上比较注重细节上的亮点处理和金色装饰物的使用，见图4-1-13至图4-1-15所示。

素雅宫廷
Royal charm

▲ 图4-1-13　圣大保罗大童2007～2008秋冬产品表达主题三素雅宫廷（女童）产品表达

素雅宫廷
Royal charm

颜色特点：本系列的颜色是针对当今比较流行的金色系列，大量运用浅杏色、咖啡色及白色，并在细节当中加入金色使其具时尚感。由于咖啡色是秋冬系列的经典颜色，所以本系列在具备一定时尚感的同时又不失品牌的基本感觉。

面料特点：使用表面光滑的提花缎料是本系列面料使用的亮点，同时，大量使用的柔软的平绒布、高品质的毛料和手感舒适的羽绒面料令本系列在外观上极具冬装的感觉。同时，由于这些面料表面外观具有贵族气息，能在不经意中体现出素雅的宫廷感觉。

款式特点：本系列的款式大多简单大方，主要亮点在于细节的撞色处理和金色的logo装饰，并通过和服装饰品的搭配（如镶金边的小包，烫钻的金色腰带甚至有金属的长筒靴）体现其高贵的宫廷感觉。

图案特点：本系列没有特别强调图案方面的设计，主要是通过面料的提花图案和饰品图案的造型来表现本系列的图案特点。

▲ 图4-1-14　圣大保罗大童2007-2008秋冬产品表达主题三素雅宫廷（女童）产品定位

素雅宫廷
Royal charm

▲ 图4-1-15　圣大保罗大童2007～2008秋冬产品表达主题三素雅宫廷（女童）产品展示

案例2：Lagogo上城女孩系列产品开发案例

1. 品牌理念

Lagogo，名称源于法兰西活泼热辣的一种舞蹈形式。精致个性，前卫时尚，中性而略带性感，都是Lagogo表现自我的方式。Lagogo秉承一贯简约时尚的设计风格，带来一股浓浓的法国都市风情。

艺术与设计的完美融合，是使Lagogo散发无尽魅力的源泉。从电影、音乐、绘画等艺术创作中汲取灵感，结合当下流行元素，通过别致的花型、时尚的花板，来表现产品风格，充分运用现代都市色彩的饱和度及明快的色彩对比，将各种元素和色彩巧妙混搭与融合，将女性自信摩登和温婉可人展现得淋漓尽致。

2. 品牌故事

上海拉谷谷时装有限公司为南京华瑞集团华瑞服装股份有限公司旗下负责Lagogo品牌运营的公司，华瑞服装股份有限公司是第一家在美国上市的中国服装企业，主营服装零售与批发，拥有贸易公司，南京、栖霞、滁州、凤阳、越南、柬埔寨等核心实业基地。

华瑞股份旗下拥有Lagogo和Esc'e lav两个品牌。成熟女装Esc'e lav以"舒适的工作，美丽的生活"这一独特的品牌理念，展示知性女性的优雅和风采；而Lagogo崇尚摩登个性，追求时尚自信的高品质生活，日益赢得广大年轻女性的青睐与关注。

3. Lagogo的定位

Lagogo崇尚摩登个性，追求时尚自信的高品质生活，目标消费群通常在20～30岁的年龄段。

下面将以2011年初夏Lagogo上城女孩系列产品开发案例展开解析。

（1）风格定位，如图4-1-16所示。

（2）主题定位，如图4-1-17至图4-1-19所示。

（3）色彩定位，如图4-1-20所示。

（4）面料定位及运用，如图4-1-21至图4-1-22所示。

（5）主题细节定位，如图4-1-23所示。

（6）产品印花定位，如图4-1-24所示。

（7）主推产品定位，如图4-1-25所示。

（8）主题产品搭配，如图4-1-26至图4-1-27所示。

（9）主题陈列面定位，如图4-1-28所示。

（10）产品价格定位，如图4-1-29至图4-1-31所示。

（11）产品结构比例，如图4-1-32所示。

上城女孩

Uptown Girl

Uptown Girl(上城女孩)是Billy Joel写于1983年的一首歌，
上城风格在于一种贵气，上城风格崇尚一种简洁而优雅的奢
华，上城女子从头到脚的名牌套装，俨然一副千金小姐派头。
从旧式私立学校重拾灵感和信心。

Uptown Girl风范以现代、悠闲的姿态，与复古理念碰撞出新
火花。

▲ 图4-1-16　2011年初夏Lagogo上城女孩系列产品风格定位

- 海洋邂逅——3A
  Stumble across the ocean
- 叛逆宣言——3B
  Rebels manifesto
- 彩虹庄园——4A
  Rainbow hacienda
- 寻梦都市——4B
  To seek a dream city

▲ 图4-1-17　2011年初夏Lagogo上城女孩系列产品主题定位

海洋邂逅

Stumble across the ocean

▲ 图4-1-18　2011年初夏Lagogo上城女孩系列产品第一主题

主题名称：海洋邂逅

故事风格定位（文字）

今夏奢华海军风的吹起，带来时尚的又一个风向标，花样翻新的款式也让海军风格的搭配更有乐趣，宽窄不一的条纹释放出不同的魅力。

▲ 图4-1-19　2011年初夏Lagogo上城女孩系列产品第一主题故事风格定位

主题色系定位

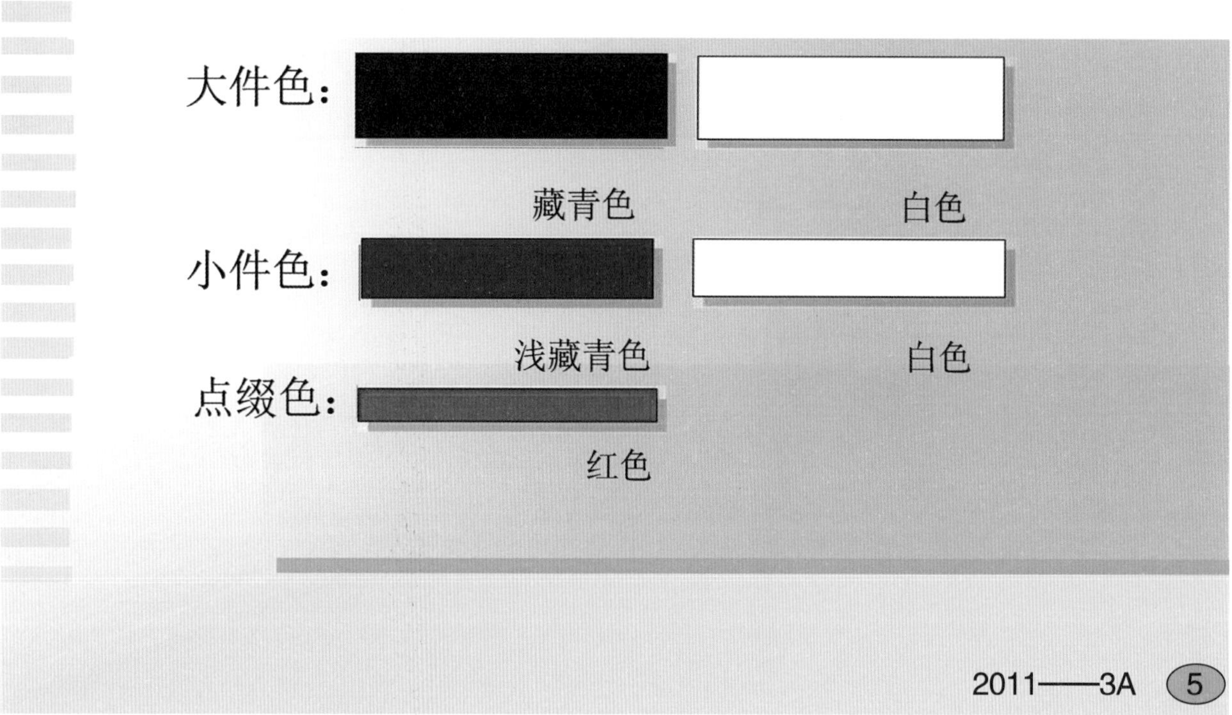

大件色：

藏青色　　　　　　　　白色

小件色：

浅藏青色　　　　　　　白色

点缀色：

红色

2011——3A ⑤

▲ 图4-1-20　2011年初夏Lagogo上城女孩系列产品色彩定位

主题布样定位

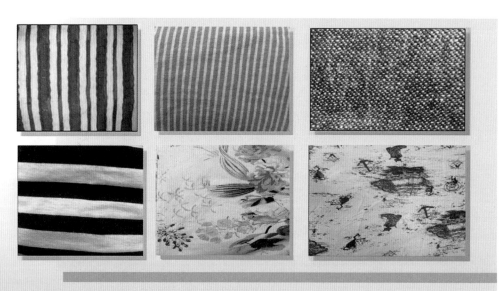

布样定位：棉麻、全棉针织、厚型雪纺、锦棉、罗马针织。

2011——3A ⑥

▲ 图4-1-21　2011年初夏Lagogo上城女孩系列产品面料定位

面料运用统计

总量　季	面料数量	用　途	品类风格
夏季 面料运用 共10块	2块面料	外　套	1块棉麻、1块针织面料
	1块面料	马　甲	1块贡缎
	2块面料	T　恤	1块人棉、1块涤粘
	1块面料	衬　衫	1块高织面料
	1块面料	裤　子	1块贡缎、1块涤粘
	1块面料	裙　子	1块贡缎
	4块面料	洋　装	1块乔其雪纺、1块罗马针织、1块贡缎、1块色丁

2011——3A　⑦

▲ 图4-1-22　2011年初夏Lagogo上城女孩系列产品面料运用

主题细节定位

设计细节：
● 肩章组合　　● 贴布绣、立体印花　　● 海军风格条纹及辅料

摩登都市感肩章。突显城市艺术特质。

金属质感肩带代替传统肩带。显现出独特设计感。

皮质的肩带代替传统肩带在服装上大量运用，别致新颖。

船锚造型的肩章，加上链条装饰，红白蓝条纹的运用。

富有设计感的袖头设计，呈现花苞的效果。女孩的柔美。

2011——3A　⑧

▲ 图4-1-23　2011年初夏Lagogo上城女孩系列产品主题细节定位

印花图案

2011——3A ⑨

▲ 图4-1-24　2011年初夏Lagogo上城女孩系列产品印花定位

主题产品定位

2011——3A ⑩

▲ 图4-1-25　2011年初夏Lagogo上城女孩系列产品主推产品定位

主题产品搭配

2011——3A ⑪

▲ 图4-1-26 2011年初夏Lagogo上城女孩系列产品主题产品搭配1

主题产品搭配

2011——3A ⑫

▲ 图4-1-27 2011年初夏Lagogo上城女孩系列产品主题产品搭配2

主题陈列面定位

2011——3A　⑬

▲ 图4-1-28　2011年初夏Lagogo上城女孩系列产品主题陈列面定位

产品价格带定位

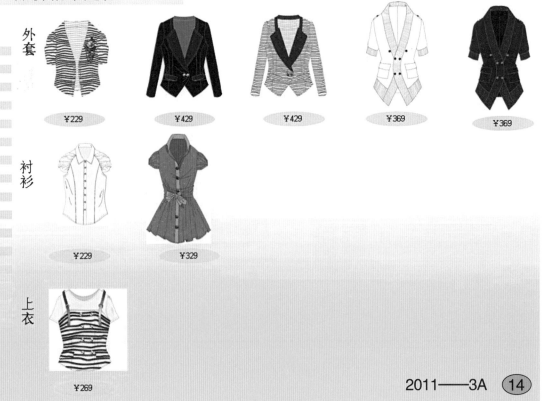

2011——3A　⑭

▲ 图4-1-29　2011年初夏Lagogo上城女孩系列产品价格定位1

产品价格带定位

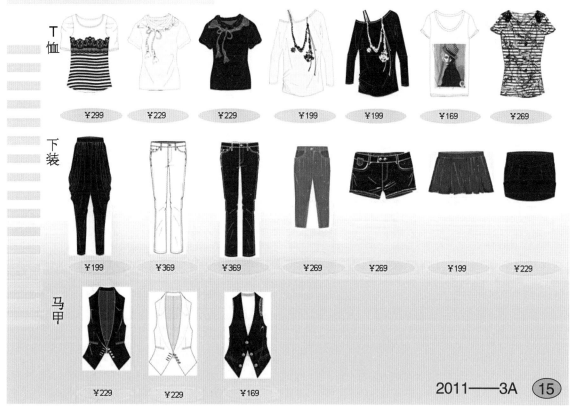

T恤　¥299　¥229　¥229　¥199　¥199　¥169　¥269

下装　¥199　¥369　¥369　¥269　¥269　¥199　¥229

马甲　¥229　¥229　¥169

2011——3A ⑮

▲ 图4-1-30　2011年初夏Lagogo上城女孩系列产品价格定位2

产品价格带定位

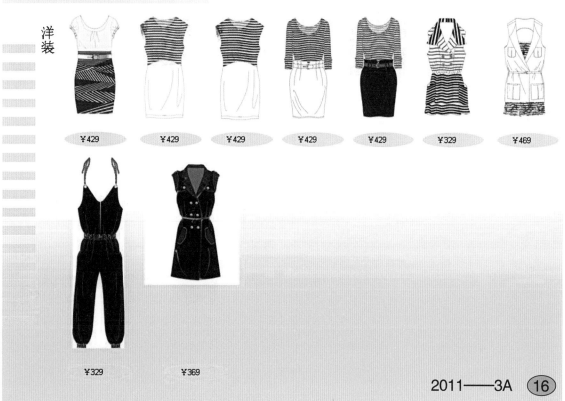

洋装　¥429　¥429　¥429　¥429　¥429　¥329　¥469

¥329　¥369

2011——3A ⑯

▲ 图4-1-31　2011年初夏Lagogo上城女孩系列产品价格定位3

产品结构比例

品牌名 La go go				故事评分表	
品名				波段名、海洋邂逅	
				内容 占比__%	
分类	短袖女式外套	短袖	女士短袖衬衫	马夹	T—恤flL12	T—恤
颜色量	颜色	颜色	颜色	颜色	颜色	颜色
比例	占比__%	占比__%	占比__%	占比__%	占比__%	占比__%
价格值	价格	价格	价格	价格	价格	价格
颜色、色号	序列号	序列号	序列号	序列号	序列号	序列号
	颜色	颜色	颜色	颜色	颜色	颜色

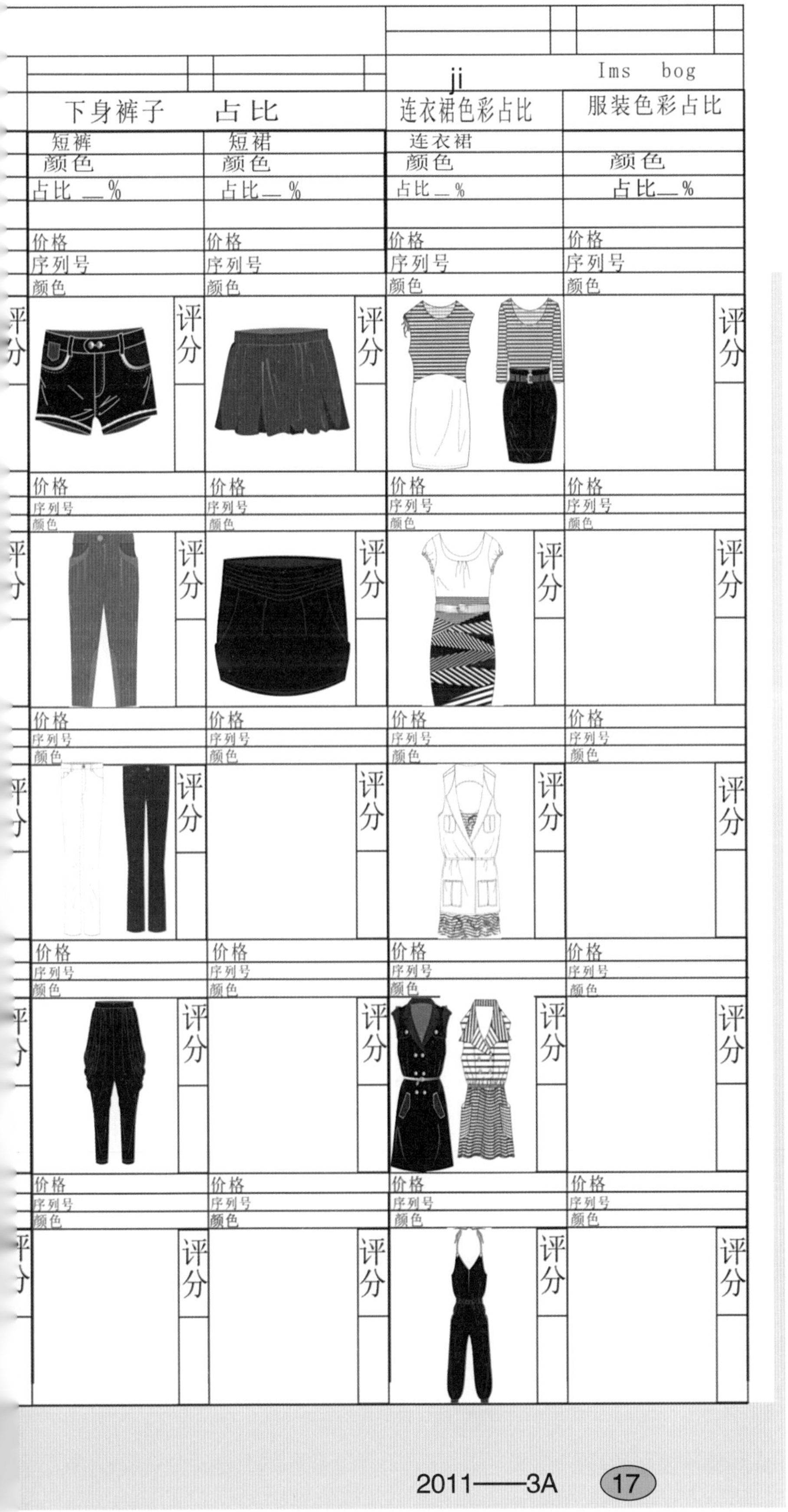

		ji	Ims bog
下身裤子　占比		**连衣裙色彩占比**	**服装色彩占比**
短裤 颜色 占比 ＿ %	短裙 颜色 占比 ＿ %	连衣裙 颜色 占比 ＿ %	颜色 占比 ＿ %
价格 序列号 颜色	价格 序列号 颜色	价格 序列号 颜色	价格 序列号 颜色
平分　　评分	评分	评分	评分
价格 序列号 颜色	价格 序列号 颜色	价格 序列号 颜色	价格 序列号 颜色
平分　　评分	评分	评分	评分
价格 序列号 颜色	价格 序列号 颜色	价格 序列号 颜色	价格 序列号 颜色
平分　　评分	评分	评分	评分
价格 序列号 颜色	价格 序列号 颜色	价格 序列号 颜色	价格 序列号 颜色
平分　　评分	评分	评分	评分
价格 序列号 颜色	价格 序列号 颜色	价格 序列号 颜色	价格 序列号 颜色
平分　　评分	评分	评分	评分

2011——3A　⑰

◀图4-1-32
2011年初夏Lagogo上城女孩系列产品结构比例

课后思考

作为一名设计师应如何展开新季产品开发？

参考文献

1．段敏．现代成衣产品中的创意设计研究．青岛大学硕士论文，2010年．

2．吴薇薇．服装材料学．应用篇．北京：中国纺织出版社，2009：66-67．

3．滑钧凯．服装整理学．北京：中国纺织出版社，2005：256-257．

4．廖小丽．服装成衣设计．北京：北京师范大学出版集团，2010：119．

5．孙进辉，李军．女装成衣设计实务．北京：中国纺织出版社，2008：53-54．

成衣
产品设计

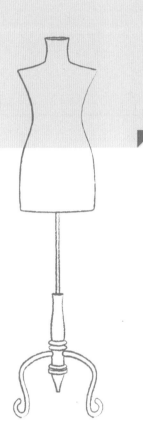